日日豐收的

混植蔬菜盆栽

ベランダ寄せ植え菜園

前言

「為什麼用這麼小的一個盆器就能種得這麼好？」
答案就在「混植」。

在我們用肉眼看不見的世界裡，
土裡的微生物與植物的根彼此互相提供所需的養分，
每株植物的根部都聚集了與此植物情投意合的微生物。
當植物的種類愈多，微生物的種類也就跟著增多，
土壤中的多樣性便油然而生，
不僅能提高守護植株的力量，也讓植株免於生病。
因此，我認為「混植」是實現大自然真理的栽種方法。

在一個盆栽裡種下不同植物，使其互利共生。
借助小小生物的大大力量，栽種然後採收。

期望本書能助您一臂之力，
在陽台打造出豐盛又美麗的菜園。

日日豐收的

混植蔬菜盆栽

CONTENTS

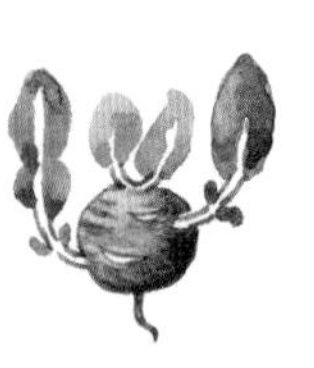

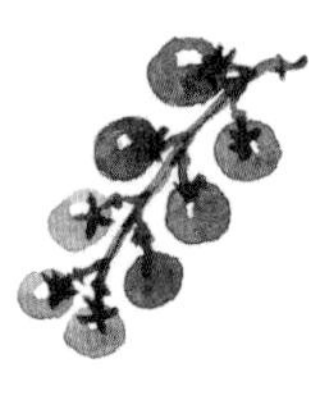

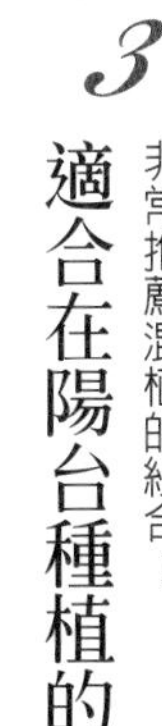

Part 3
適合在陽台種植的蔬菜與香草……105
非常推薦混植的組合！

Part 4
陽台菜園的後台大公開……131
因為狹小才有完美的演出＆活用的便利性！

Short story

※本書作物的栽種月份與時程，是以種植在日本關東地區的品種為基準，但因不同地區會產生差異，時間管理請參酌台灣氣候環境而調整。
※大樓的陽台屬於公共空間，請先確認好使用規範，以免影響到鄰居。並留意不要讓土壤和葉子堵住排水孔。

我的陽台菜園四季風景

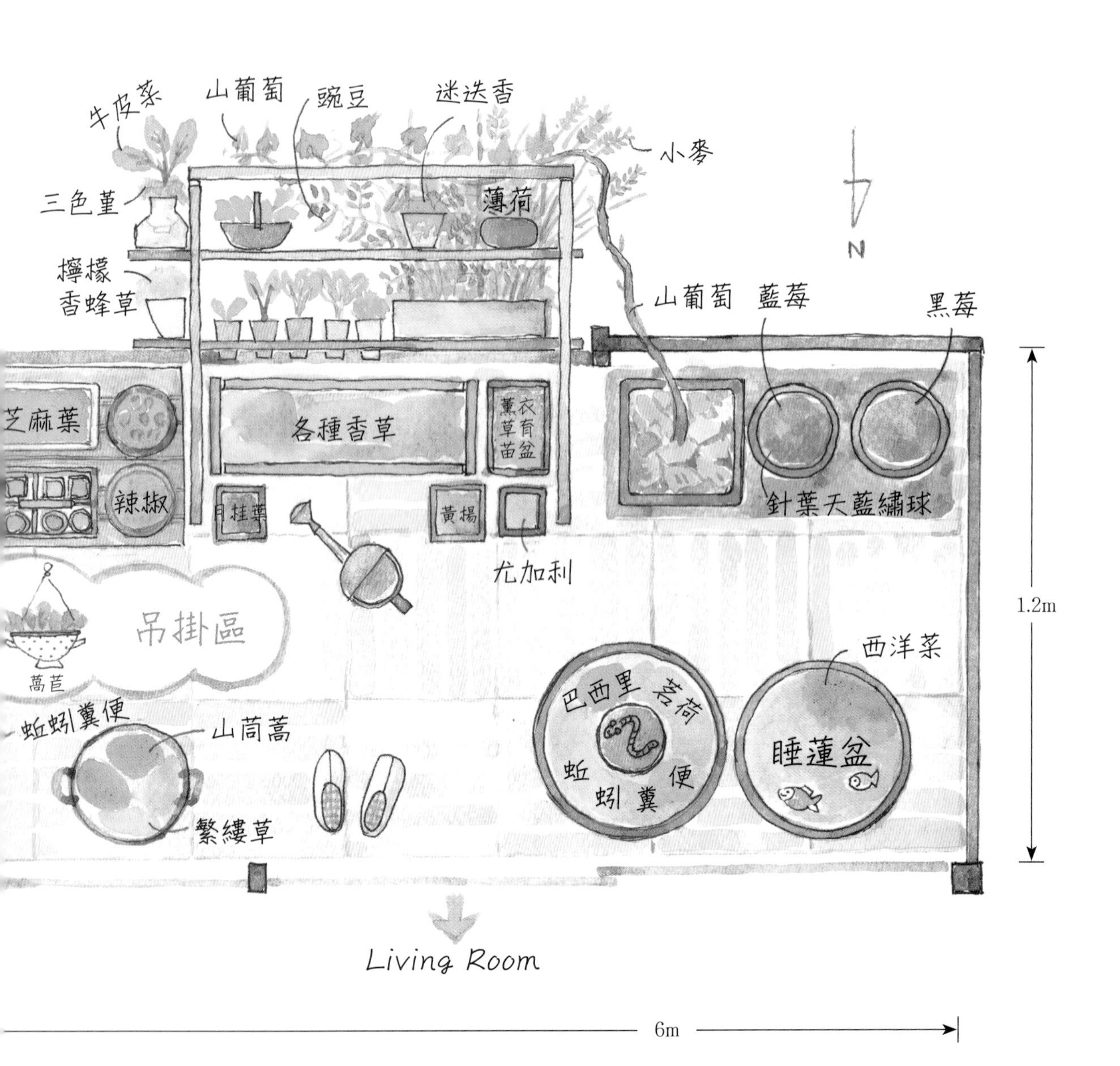

牛皮菜
山葡萄
豌豆
迷迭香
小麥
三色堇
薄荷
檸檬
香蜂草
山葡萄
藍莓
黑莓
N
芝麻葉
各種香草
薰衣草育苗盆
辣椒
月桂葉
黃楊
尤加利
針葉天藍繡球
1.2m
吊掛區
萵苣
西洋菜
蚯蚓糞便
山茼蒿
巴西里
茗荷
蚯蚓糞便
睡蓮盆
繁縷草
Living Room
6m

冬天~春天

從客廳直通陽台的菜園，
雖然位在3樓，但和風徐徐，
日照充足這點也令人開心。
陽台寬度只有1.2公尺，
所以要活用空間，採立體栽種的方式。
從客廳向外眺望，相當心曠神怡，
視線高度所及皆是綠色、綠色、綠色。
水泥地上鋪著木質地板，
生活在這裡的人、植物都親切溫柔了起來。

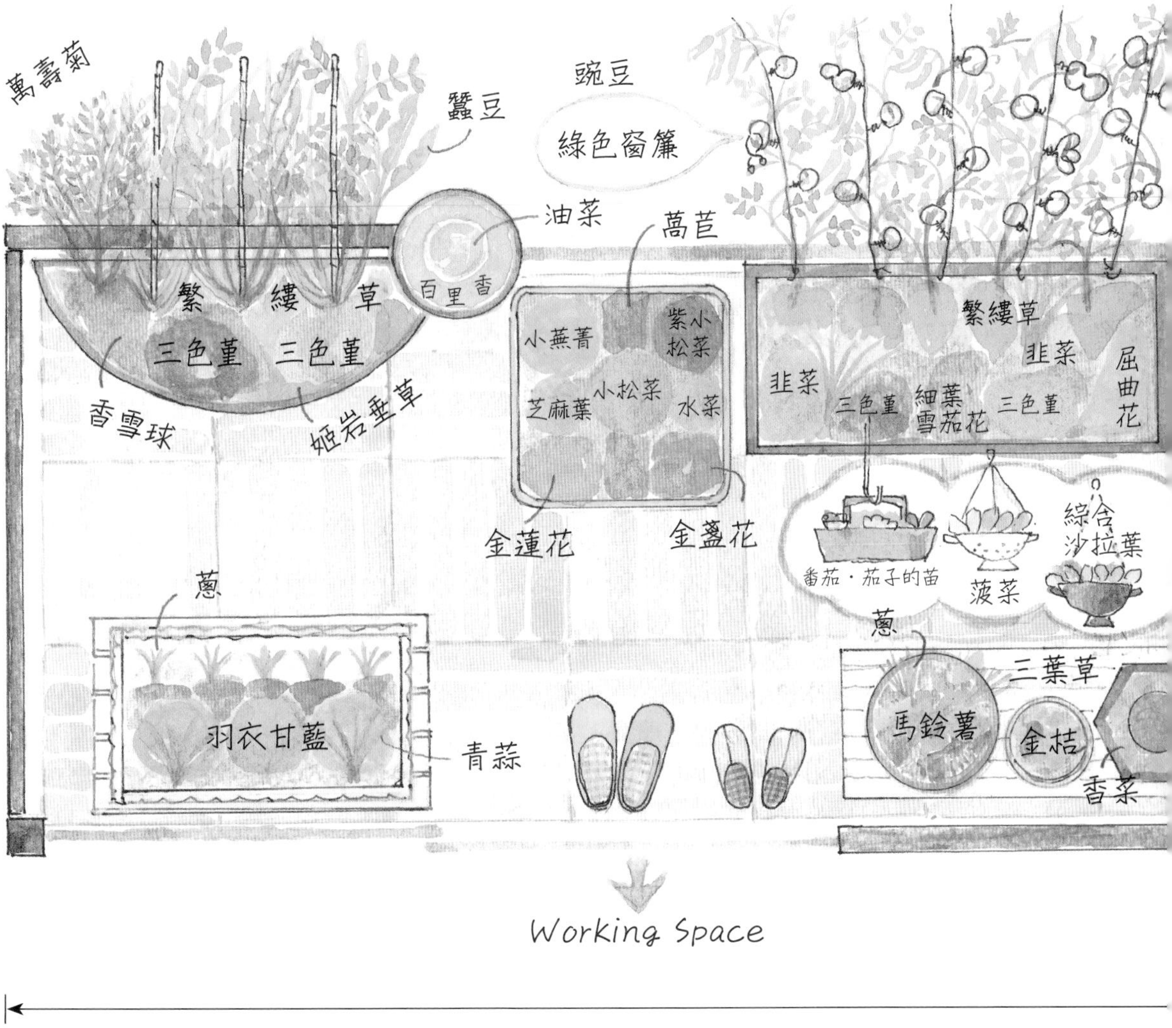

萬壽菊
蠶豆
豌豆
綠色窗簾
油菜
百里香
繁縷草
三色堇
三色堇
香雪球
姬岩垂草
茼苣
小蕪菁
紫小松菜
芝麻葉
小松菜
水菜
金蓮花
金盞花
繁縷草
韭菜
韭菜
三色堇
細葉雪茄花
三色堇
屈曲花
番茄・茄子的苗
菠菜
綜合沙拉葉
蔥
羽衣甘藍
青蒜
蔥
三葉草
馬鈴薯
金桔
香菜
Working Space

夏天～秋天

將採摘下來的番茄和羅勒，
穿過客廳直接送到廚房。

在廚房盛水之後，
再穿過客廳直接通往陽台。
客廳就是蔬菜和水的通廊。

與大自然如此接近的感覺，
幾乎讓我忘了自身住在城市大樓裡。
綠色菜園就是我家的風景，
太陽光將綠色葉子照耀得閃閃發光。

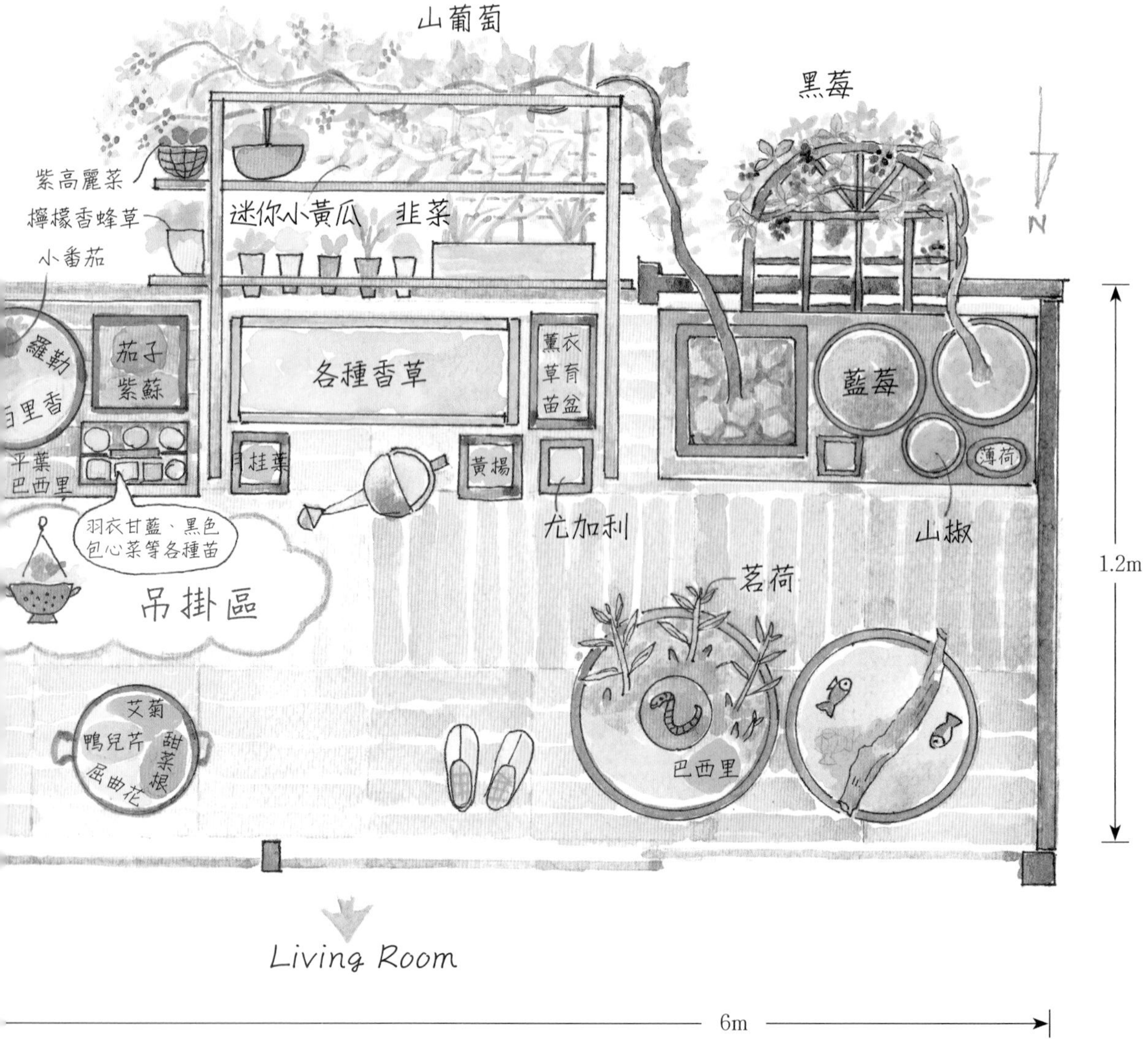

山葡萄
黑莓
N
紫高麗菜
檸檬香蜂草
小番茄
迷你小黃瓜
韭菜
羅勒
百里香
茄子
紫蘇
各種香草
薰衣草育苗盆
藍莓
薄荷
平葉巴西里
月桂葉
黃楊
尤加利
山椒
羽衣甘藍、黑色包心菜等各種苗
吊掛區
茗荷
巴西里
艾菊
鴨兒芹
甜菜根
屈曲花
1.2m
Living Room
6m

《陽台 data》

所在地 / 日本千葉縣船橋市
面積 / 約 7.2 平方公尺
樓層 / 3 樓
方向 / 朝南

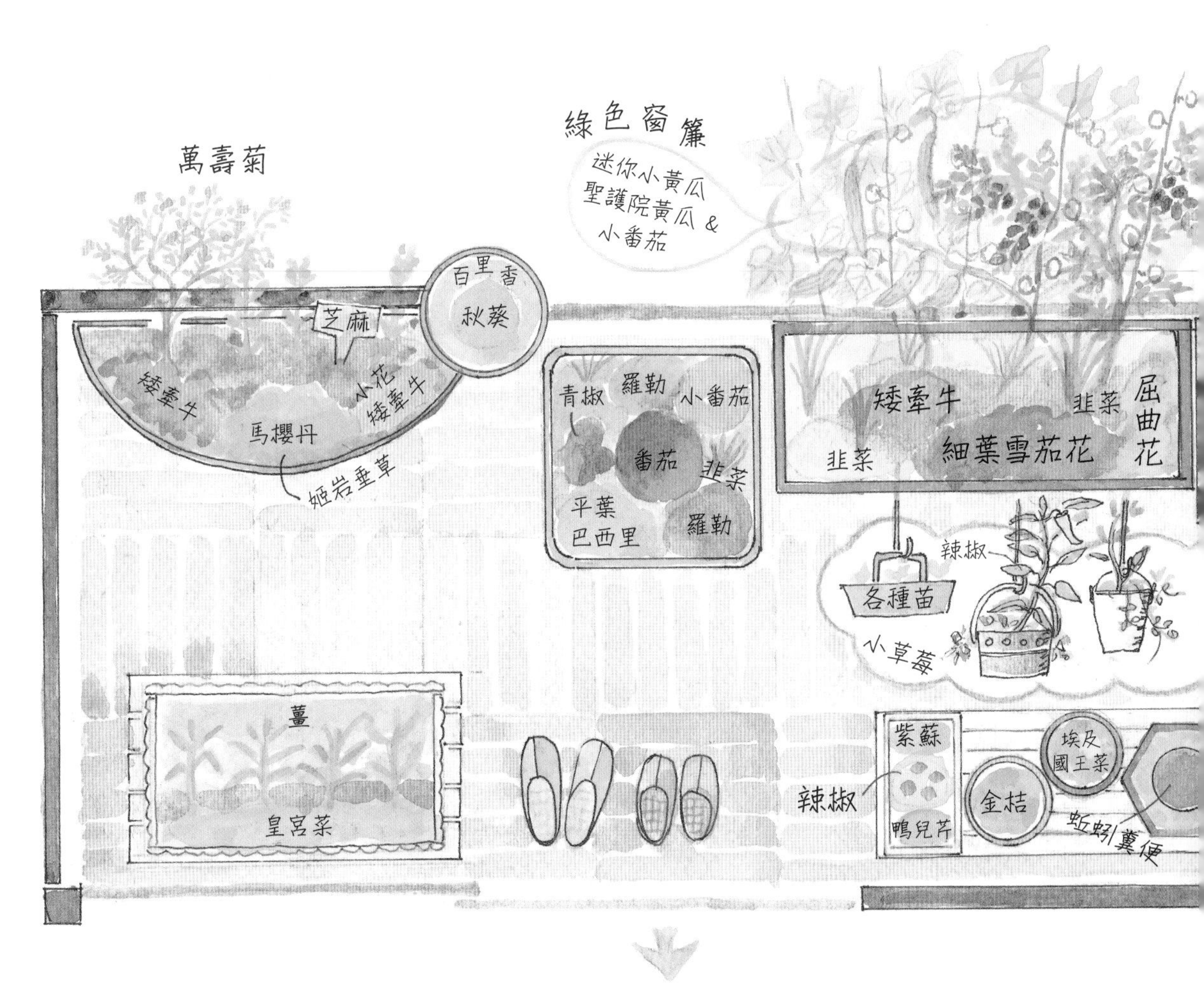

春

播種・採收豆類・為夏季蔬菜做準備

新鮮嫩葉配上美味的豆類

白天日漸暖和，晚上也逐漸不再感到寒冷，迎接陽台菜園的日子終於到來，就從萵苣和櫻桃蘿蔔等蔬菜的播種開始吧。冬天過去，春天到來，這時候就是要採收新鮮嫩葉，從中攝取到的新鮮維生素，會使身體彷若重獲新生一般。

在這個時期也要準備夏天的蔬菜。3～4月上旬是番茄和茄子播種的時期，而且要在已經變得暖和的時候，最好的時間點是在4月底至5月初。

秋天播種的荷蘭豆、甜豌豆、蠶豆等，也是在春天採收的作物。冬天儲藏的營養全都成了每顆豆仁裡的營養精華，真的非常美味。一採收下來即刻汆燙來吃，最是奢侈。

Peas

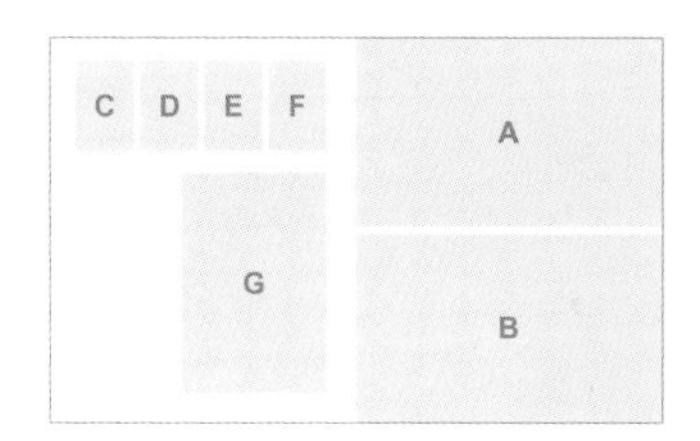

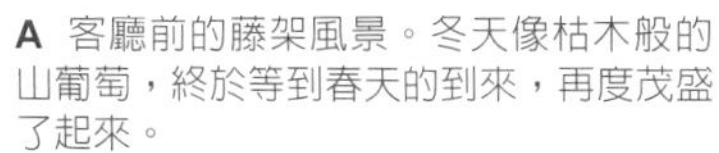

A 客廳前的藤架風景。冬天像枯木般的山葡萄，終於等到春天的到來，再度茂盛了起來。
B 豌豆形成的綠色窗簾，吊掛於空中的蔬菜苗菜園中。盛開的豌豆花，也是春天才看得到的限定風景。
C 以 S 型鉤環吊著的盆器中，才剛發芽的番茄、茄子等夏季蔬菜的幼苗，愜意地享受著日光浴。
D 香草盆栽裡的洋甘菊和琉璃苣，花開得很漂亮。
E 藤架上的牛奶罐裡，種有牛皮菜和三色堇。
F 種在瀝水盆裡的嫩葉，一摘下便可直送餐桌。
G 已經種了 6 年以上的蠶豆，就快可以採收了。混植的三色堇也美麗地盛開著。

夏

採收茂盛的香草、結實纍纍的蔬果

唯有陽台菜園才能鮮採的夏季蔬菜

早晚各澆一次水是對盛夏陽台菜園最好的照顧。拿著澆花器來回5趟穿梭於陽台和廚房，在每次的往返中，都能聞到飄散在空氣中的香草香，讓我忘了疲勞為何物。天然形成的水霧效果，讓我幾乎不需要冷氣，日日都清新舒爽。

每天都能少量採收的夏季蔬菜及黑莓等果樹，因為用了很多愛去栽種，格外美味。

在我開始投入陽台菜園之後才發現，小番茄莖上的剛毛，在豔陽下閃閃發亮有多美。盛夏時，把因為太熱而沒精神的蔬菜移到半日照的地方，然後隨手摘顆小番茄塞進嘴裡，剛做完勞力活的辛勞一掃而空。酸酸甜甜的滋味滲入身體裡，讓人立刻恢復活力。

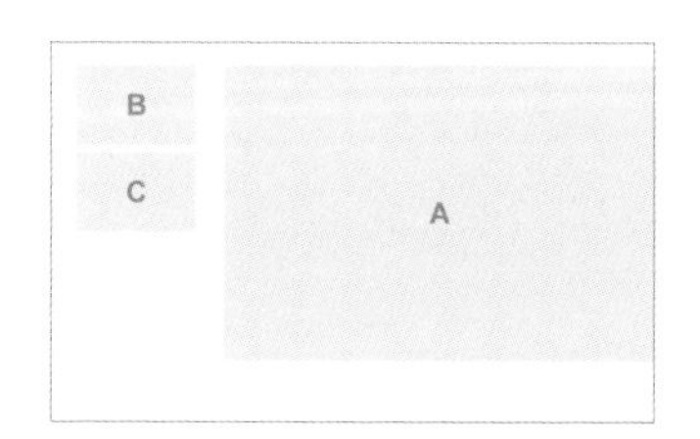

A 最前排挨著圍牆的地方，是日照最好的頭等席，種有小番茄、茄子、黃瓜等夏季蔬菜。
B 藤架的最上方，攀爬著山葡萄鮮綠的葉子，也發現了小小果實的蹤跡。
C 結實纍纍的黑莓，有著讓人忍不住偷吃一口的酸甜滋味。

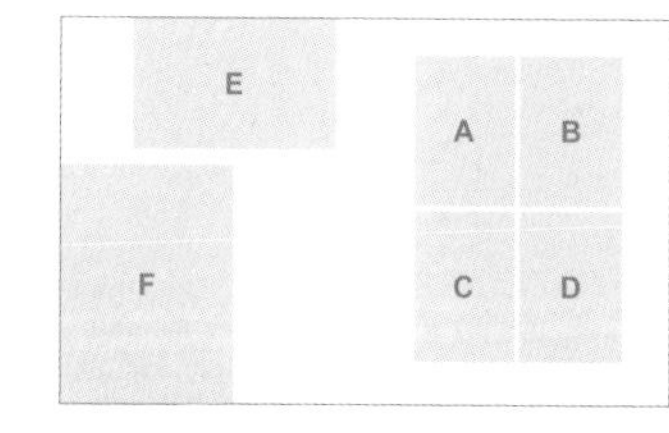

A 還開著雌花的小小黃瓜，發現它的當下好開心啊！
B 顏色一天比一天深的小番茄。如果沒種它，我就不會發現它的美，根本是一見鍾情了。
C 變紅之前的鐘型迷你彩椒。有點透明的綠，言語無法形容的美。
D 種在小盆器裡的小茄子，7 月第一次採收，果實清脆又美味。
E 從我的電腦桌走 3 步就可以抵達的陽台菜園。
F 把小番茄、黃瓜的藤蔓往旁邊誘引，就成了一片綠色窗簾。

秋

採收秋季蔬菜·播種葉菜類蔬菜

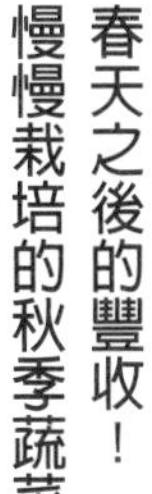

春天之後的豐收！慢慢栽培的秋季蔬菜

雖然到了9月左右，秋苗逐漸探出頭，但夏季蔬菜還相當茂盛。不過，由於下了很長一段時間的雨，導致夏季蔬菜的採收量有點少。雨要下到什麼時候才會停呢？每年都很煩惱秋天的到來。

話雖如此，在春天之後能期待的豐收季節就是秋天了。9月開始移苗種下青花菜和白花椰菜，以及進行香草的修剪、根菜類的播種。直接種在盆器裡的小蕪菁，是根菜類中好種又好吃的代表。

9月中旬過後，天氣逐漸轉為涼爽，可以開始種小松菜和迷你青江菜等葉菜類蔬菜。若要購入菜苗，建議在10月的時候。即使是感覺有點冷的11月，種下水菜、芝麻葉、萵苣等的種子，等到冬天就可以採收囉。也不需擔心病蟲害，輕鬆地看著它們慢慢長大就好了。

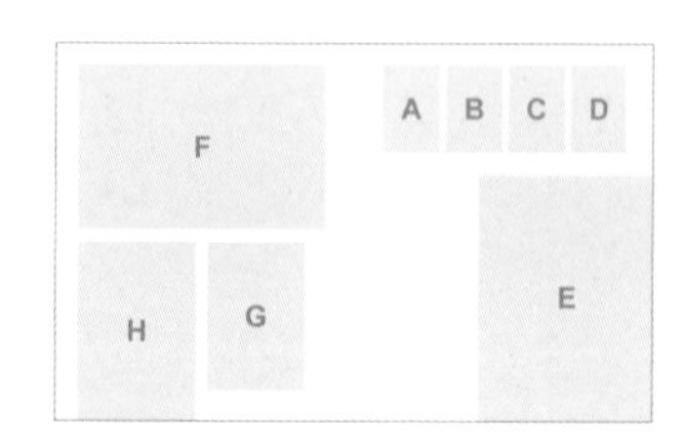

A 將長得很茂盛的高麗菜，移植到種有小番茄的盆器。不需換土，只要加入蚯蚓糞便追肥。
B 因為長時間下雨而顯得沒有元氣的小茄子，在 8 月重新修剪枝葉後就又恢復了活力，滿心期待秋茄的採收。
C 辣椒終於在 10 月轉紅了。
D 香辣輕甜的墨西哥辣椒，顏色會由綠轉黑，也可乾燥保存。
E 種在瀝水盆裡的各種萵苣。鋪在土壤與容器之間的氣泡紙，取代了用來保溫的隔熱材，即使冬天到來也能健康有活力。
F 茼蒿、羽衣甘藍等蔬菜快速地發芽，長成秋季蔬菜的菜苗。在移植前夕讓它們充分享受日光浴。
G 放在日照充足的圍牆前的小茄子盆栽。混植的紫蘇長出花穗，提醒我是時候更換秋季蔬菜了。
H 因為長時間下雨而失去活力的小番茄，到了 10 月長出了花芽與綠色果實。我要為它們加油打氣，重新綁上繩子。

採收葉菜類蔬菜、冬季蔬菜

愈冷愈美味的冬季蔬菜

即使是寒冬也與枯樹風景無緣，因為翠綠的菜葉與三色堇等美麗的花朵，將我的陽台菜園妝點得五彩繽紛。在溫暖的太陽照耀下，11月播種的豌豆與蠶豆，長得一天比一天大。每天還能採摘幾片茼蒿、芝麻葉的嫩葉，拿來做沙拉或三明治，相當清爽鮮脆。

白菜、高麗菜、小松菜和菠菜等蔬菜，愈冷愈鮮甜，所以一年之中最好吃的季節就在冬季。做為新年1月初採收代表的「大和真菜」，是小松菜的一種，加入年糕湯中享用，是我家的固定菜色。

陽台的溫度比外面溫暖，在北風吹來的夜晚，即使只是蓋上塑膠袋也能抵擋住冷風，具備良好的保溫效果。

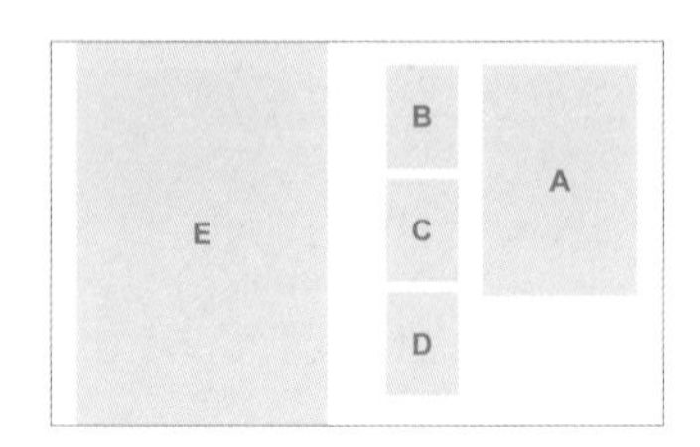

A 白花椰菜與香草一起種在鐵絲網做成的盆器裡，土不多也能生長得令人垂涎欲滴。
B 青花菜中間的花蕾採收過後，也會再陸續長出芽來，採收不間斷。
C 小松菜只採收上面的葉，把中間莖的部分留在土裡，約 3 週後又可以採來吃了。
D 白菜不適合混植，所以我在竹籃裡只種下單棵，不過只要能採收，種一棵同樣有滿足感。
E 1 月的陽台菜園風景。我洗好的衣服也晒在這裡，天氣好的時候，它們互相爭著陽光的青睞。

Short story 1

小麥與苦菜

苦菜

藤架上方的右邊是小麥，它的下面是豌豆。苦菜也開出黃色的花朵。

在盆器中自然發芽的兩種植物

種在陽台的小麥結出果實了！當初麥稈是用來覆蓋小黃瓜的，但在小黃瓜栽種結束，接著換種豌豆時也都還繼續鋪著，到了晚秋，竟發現小麥發出芽了。應該是麥稈裡躲藏了一些麥穗，而到了適合的季節，它們就被喚醒。

6年來，我都把豌豆種在發了芽的小麥盆器裡，因為我對土壤的環境很有自信。不過，我也曾擔心利用紅酒箱做成的盆器高度只有18公分，發芽之後空間可能不夠該怎麼辦……。事後發現我的擔心是多餘的，小麥一直往上生長到藤架最上面的山葡萄那裡，然後結穗，甚至超過豌豆的高度。更令人開心的是，它就像扮演著雜草的角色，為我守護土壤表面免於乾燥。也看得到混在繁縷草中的苦菜身影。苦菜是和小麥一起從歐洲遠渡重洋來的歸化植物。

將這兩種植物種在同一個盆器裡然後發芽……，我覺得我的陽台菜園越來越接近大自然的節奏。

長 50×寬 34×高 18 公分的紅酒箱盆器。繁縷草、寶蓋草以及長得像蒲公英的苦菜和小麥、豌豆種在一起，宛如路邊的箱子庭院。

Part 1

輕鬆！不失敗！有趣！

可以一直採收的
4大原則

想種蔬菜，也想種香草和美麗的花，
不希望半途而廢，最好選擇能輕鬆照顧的方式。
能夠同時實現這些願望的就是「混植盆栽」。

我家陽台菜園的4個原則

Rule

Rule 1

打造能夠種植多樣蔬菜的混植環境

Rule 2

打造微生物多元、能多次使用的肥沃土壤

Rule 3

光合作用比追肥更重要

Rule 4

為蔬菜選擇適合種植的季節

打造能夠種植多樣蔬菜的混植環境

想要在盆器裡成功栽種蔬菜的重點就在混植。縱然是狹窄的陽台，也可以發生許多令人開心的事情。

混植的小番茄和羅勒是典型的共榮作物，怎麼種都好吃的組合。

因為沒有寬敞的陽台，才開始了省空間的混植

我曾在住家附近租了一塊田地當作菜園，當時陽台上植物的花期都已結束，也因疏苗的關係而把菜園裡的萵苣、青江菜帶回家種，於是很自然地開始「混植」蔬菜。

即使是經過了二十年寒暑的今天，在我那不太寬敞的陽台裡，依舊把不同的蔬菜栽種在同一個盆器裡。青花菜的旁邊或許正種著蠶豆，而且除了蔬菜、花卉之外，也有許多香草類的植物。例如，番茄與共榮作物的羅勒。

您是不是曾有過只種羅勒，葉子就被蟲子吃個精光的經驗呢？不過，要是和番茄一起種，番茄葉子的青草味就會趕跑紋白蝶和綠色毛毛蟲。

絶配的番茄與羅勒

番茄能幫助羅勒遠離害蟲，在養分的分配上也能互助合作。番茄要結出豐碩果實需要很多磷酸，而對番茄來說過量的氮，則可以供羅勒使用，讓葉子長得更茂盛、調整土壤中的平衡、預防病蟲害。

番茄和羅勒的友好關係
均衡地吸收土壤中的養分

蔬菜的成長過程中，有五項不可或缺的營養素：氮、磷酸、鉀、鈣、鎂。

若要收穫大顆番茄果實，土壤中就需要很多的磷酸，可是，氮就嫌多了一點。於是，把需要氮才能長得茂盛的羅勒和番茄種在一起。組合果實蔬菜和葉子蔬菜，彼此均衡地吸收土壤中的營養素，一旦土壤中的環境平衡了，疾病與蟲害也會不可思議地減少。

我在一邊栽種蔬菜一邊觀察自然的同時，發現到生物間就像一個循環，總是藉著某種力量連繫在一起，需要時常幫它們調和一下。

回想一下山、森林、原野裡的生態，不也是一樣嗎？不會只存在相同的植物，在這樣的環境中一定有各式各樣的植物與生物共生，而這才是自然的環境。

有了多樣性，就能彼此互助取得平衡，這也是拜大自然的力量所賜。即便不施肥，在光合作用與微生物的合作之下，草木就能生長。

在一個盆器裡栽種生命循環不一的蔬菜、香草和花卉，也同時一起照顧野草，營造接近大自然的平衡。

植物的種類愈多，除了植物之間的相乘效果，共生在根部周圍的微生物（根圈菌）也跟著產生多樣性，因此能發揮預防疾病、防止乾燥、阻擋寒害等作用，好處說也說不盡。一旦有了微生物幫忙，只要少許的肥料就行了，栽培管理上變得輕鬆許多。

用一個盆器混植蔬菜、香草、花卉，真的是非常適切的栽種方法。

用100％椰纖土培育出來的紫蘇的根，有許多蓬鬆的細根。

像是醃醬菜的米糠那樣，培養能夠持續使用的土壤

常聽到有人問我「陽台菜園要用哪種土呢？」我理想中的土壤，是能像醃醬菜那樣一點一點往醬缸裡加米糠般的固定土壤。所以自從開始在陽台發展我的小菜園以來，就一直在找能重複使用的土。

最近我比較常用的基底土是將椰子殼壓碎做成土狀的「100％椰纖土」，然後在椰纖土裡加入約10％的「碳化稻殼」做為土壤中微生物的介質。碳化稻殼是將稻殼以高溫燒製，做為改良土壤的材料。椰纖土即是以椰子纖維製成，有無數的氣孔、保水力高、通氣性佳且質地輕，使用前為磚塊狀，加水後會膨脹數倍，因此不需要很大的儲藏空間。我建議使用纖維長的椰纖土。

我有些盆栽的基底土使用的則是把宮崎產的輕石磨碎的「日向土」（細粒）。這種土質比較適合喜歡乾燥環境的植物，通氣性佳、重量輕又不易崩壞。重量輕這項優點，對使用在陽台上來說非常重要，無論是搬移或吊掛都輕鬆許多。

土壤好，根自然長得好

這些土，我用到至今都還沒換過。以前用的是一般的培養土，那種土用到後來會變成泥巴狀且不能繼續用，要丟掉時還費了一番功夫。而椰纖土因為是纖維，長期使用下來也不會變黏。如果要在盆器裡固定支架，也能輕鬆地插到底。澆水時，土不會隨水流出，更不容易使根部腐爛。

蔬菜種得不好的時候，請看看它們的根部，短短的根是否都結成塊了呢？如果是通氣性佳的土，細根會長得像張開的網子般牢固，因為它能有效率地吸收水、氧氣和養分，即使在小盆器裡也能長得很好，更不怕強風會把它吹倒，緊緊地支撐著土壤上面的植物。就算是忘了澆水，到了晚上有點垂頭喪氣，只要隔天一澆水馬上變得生龍活虎，這就是根部健康的證據。

打造微生物多元、能多次使用的肥沃土壤

蔬菜採收後的土壤該怎麼辦呢？晒乾、或是過篩……？
都不需要喔！只要重複使用，陽台菜園就會愈來愈蓬勃。

蔬菜＋香草＋花卉的混植也很有趣！

製作基本土壤

（2個普通的12號盆器）

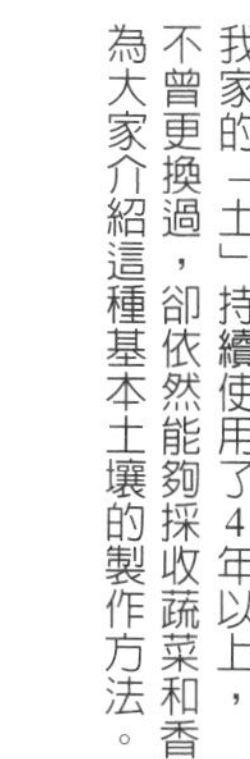

我家的「土」持續使用了4年以上，不曾更換過，卻依然能夠採收蔬菜和香草。為大家介紹這種基本土壤的製作方法。

【準備】 ※材料相關介紹請參照第136頁

Ⓐ100％椰纖土……30公升
Ⓑ碳化稻殼……約150公克（少於10％）
Ⓒ蚯蚓糞堆肥……約300～500公克
Ⓓ菌根真菌有機基肥……約50公克

加水

100％椰纖土
將椰子纖維壓縮成磚塊狀的土。加入4～5公升的水，約3分鐘會膨脹8倍以上，做為基底土使用。

1 在加水膨脹的100％椰纖土裡，加入碳化稻殼和蚯蚓糞堆肥。

2 再加入菌根真菌有機基肥。

3 充分混合均勻後就可以裝入盆器裡。

100％椰纖土中加入土壤改良材料與基肥

首先準備做為基底土的「100％椰纖土」。建議使用不含肥料的椰磚，可在園藝專賣店、網路等買到。為了加強保水性，請再加入做為土壤改良材料的「碳化稻殼」，混合成基本土壤。

然後在這基本土壤中加入市售的有機肥料做為基肥，加入的量請少於規定的量。我加的是「菌根真菌有機基肥」，以及在我家陽台製造的「蚯蚓糞堆肥」。市面上也有販售蚯蚓糞堆肥，不過自己就能在家做，請務必親手挑戰看看（做法請參照第40頁）。

Rule 2 打造微生物多元、能多次使用的肥沃土壤

經過微生物分解的土能使植物的根部健康茁壯

我理想中的土壤是能讓植物的根牢牢抓住的優質土，而且是不需更換就能夠長期使用的土。在經過多次錯誤的試驗之後，我終於找到「在土壤中培養微生物」的方法。

土壤中存在數量龐大的微生物，藉由微生物的作用將養分分解成植物容易吸收的形態，植物則從根部吸收各種養分然後成長茁壯。像這樣經過微生物分解的土，會鬆鬆軟軟的，才是能使植物的根健康茁壯的好土，這麼一來，土壤以上的莖、葉子、果實也能長得好。不僅如此，微生物之中也有和根共生並幫助根成長的微生物。例如，常見於蠶豆等豆科植物根部的圓形顆粒就住著「根瘤菌」，它會吸收空氣中的氮氣，也擔任追肥的功能。

「菌根真菌」也是栽種蔬菜最強而有力的菌，進入到植物根部長出菌絲，幫助植物吸收土壤中的磷酸、氮、礦物質和水分。但是，肥料愈多的土壤中，菌根真菌反而愈少。所以我不加太多肥料，而基本土中只加10％的碳化稻殼就是這個原因。碳化稻殼幾乎沒有養分，但它上面的細小氣孔是這些菌喜歡的介質。根瘤菌和菌根真菌在植物行光合作用時，能幫助分解積蓄在根部的碳水化合物（醣分）。一想到土壤中的世界也是彼此相互合作，培養起來格外有意思。

「蚯蚓糞堆肥」是能長久使用的土

「蚯蚓糞堆肥」的來源是吃了菜渣等生廚餘的蚯蚓所排出的糞便。其糞便沒有臭味，且富含植物容易吸收的養分，也是微生物的飼料及介質。長年使用下來，蚯蚓糞便混合著我家的土著菌，成了容易適應陽台環境的堆肥，是打造土壤的重要角色。這些年下來我深切感受到，混種著各種蔬菜、香草和花卉的土壤，無論用它來種什麼植物都沒有問題。

也許園藝書上會寫著：當豆科蔬菜出現連作障礙時，種植的土壤要停種5年。可是，在有限的空間很難做到書上說的空窗5年。然而種在我家陽台的蠶豆、豌豆，同樣的土都已經使用了超過6年。我在土壤中加入蚯蚓糞堆肥、反覆地混植，今年也成功採收了蠶豆。到目前為止，沒發生過連作障礙的情形。

雖然我不知道這些土壤還能再用幾年，但沒有發生連作障礙又能持續採收，我想這是因為除了豆科蔬菜之外，與其他植物的混種，使土壤中的微生物生態保持中立且充滿活力地工作著。自從我發現到肉眼看不見的微生物的力量之後，就沒發生過蔬菜被蟲子吃掉、或是因為生病而枯死的情況，作物們都帶著抵抗力健健康康地生長著。

什麼是根瘤菌？

根瘤菌是共生在豌豆和蠶豆等豆科植物根部的土壤微生物。根瘤菌會吸收空氣中的氮，並轉換成豆科植物能從根部吸收的形態，以供給氮。另一方面，豆科植物經光合作用將儲藏的碳水化合物提供給根瘤菌。換言之，豆科植物與根瘤菌處於共存共榮的關係。於貧脊的土地也能種植豆科植物，就是因為根瘤菌的作用。

挖掘採收後的豌豆根。圓形顆粒就是共生在根部的根瘤菌。

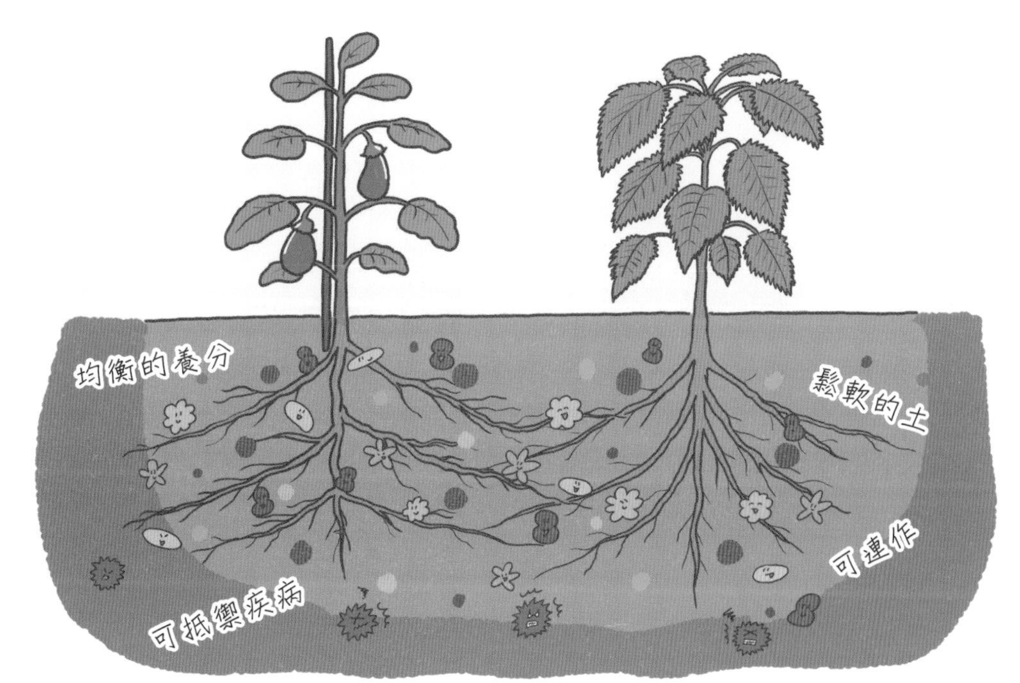

各種微生物增加時⋯⋯

栽種兩種以上植物時，菌根真菌等各類微生物就會增加，一旦增加便衍生出多樣性，彼此取得平衡。經過微生物分解的土，變得鬆鬆軟軟的，也不容易有病原菌。

Column

借助蚯蚓的力量打造有生命的土

製作蚯蚓糞便肥料

只要有寬口的盆器和小的容器，
也可以自行製作蚯蚓糞堆肥。
做法請參照第 40 頁。

我家使用了將近 20 年的蚯蚓糞堆肥。外盆是直徑 52 公分的寬口容器，比較容易採集糞便。不過，現在這專用容器已經停售了。同時也種了半日照的茗荷、鴨兒芹、巴西里。

茶葉渣把蚯蚓糞便變成黃金土

蚯蚓糞便也稱做「黃金土」，因為一直以來人們都說有蚯蚓的土就是好土。以《物種起源（On the Origin of Species）》舉世聞名的達爾文，也將他45年來對蚯蚓的觀察都寫在這本書中。

蚯蚓的糞便除了含有豐富的氮和碳，還有植物容易吸收的磷酸、鉀、鎂、鈣等成分，是一種非常理想的肥料。

蚯蚓糞便是耐水性的顆粒結構，最大特徵是澆水下去也不會崩壞。請想像一下用澆花器澆水的畫面，土裡如果有防水的小小顆粒（蚯蚓糞），因顆粒形成細小的縫隙，排水的情形就比較好（排水性）。此外，這小小顆粒裡面還有更細微的縫隙，可儲存水、空氣和肥料（保水性、保肥性）。因為有營養，土壤中的微生物就會進入到縫隙裡。

我曾在菜田裡有過這樣的經驗，遇上雨下不停的日子，土壤變成了泥狀，因雨水而噴濺的泥土害植物生了病。這時候，土裡如果有蚯蚓，牠們會幫土壤製造縫隙，排水就比較好。再加上蚯蚓糞便裡含有各種酵素及菌，能預防植物的疾病，小小的蚯蚓成就大大的工程，真的相當令人佩服。

完全像個小地球！

因種子掉落下來而發芽的小番茄。有繁縷草、香菜的守護，在 1 月長出花苞（如照片所示），然後經過春天在夏天採收了。我把它們完全交給大自然來栽培。

蚯蚓糞便還有一項優點，那就是蚯蚓的腸子能消化有機物，即使在植物旁邊添加追肥也不會傷害到根部。

長期以來我都是使用蚯蚓糞堆肥。不夠了再添加，完全沒有必要大費周章地換土。每年春秋兩季，蚯蚓會產下1厘米左右檸檬形狀的蛋，然後長成像白色棉線般的小蚯蚓，將牠們放在手上觀察是我的樂趣之一。

聽說蚯蚓的壽命只有2年左右。不過，我沒親眼目睹過死掉的蚯蚓。據說牠們自己本身的酵素會把身體分解成為土壤的養分。一想到這點，就覺得蚯蚓真的很偉大。

使用蚯蚓糞堆肥的盆栽中，青花菜自然發芽（上圖）。在沒有任何期待下，12 月採收了直徑約 13 公分的花蕾！在這之後，留下的幾枝花蕾開了花（下圖），也採集了種子。這些過程讓我實際感受到蚯蚓糞便真是非常棒的肥料，把植物照顧得相當好。

立刻動手做蚯蚓糞堆肥吧！

自己親手製作「蚯蚓糞堆肥」

二〇〇二年，「蚯蚓糞堆肥專用容器」（第39頁上圖）來到我家陽台。當初是做為小學生的自然循環體驗教材而開發的商品，如今我依舊愛惜地使用著。用蚯蚓的糞便養育花草，也能觀察剛出生的小蚯蚓，是一項非常棒的組合。只可惜現在已經停售了。不過還是可以自己親手製作喔！請參考以下方法試做看看。

使用方法

蚯蚓糞堆肥的特徵是用它來栽種時，蔬菜、花卉能夠吸收到許多來自蚯蚓糞土的養分。

共生在植物根部的好菌會沾附在蚯蚓的身上。牠們在土裡移動，也在土裡排糞，而大部分細小顆粒狀的糞便都會堆積在外盆的表層。用湯匙挖起表面的糞便，再和新土混在一起，也可以加到沒有生命力的植物盆栽裡。一湯匙的糞便裡存在著數億萬個菌，所以少量也有效果。

製作方法

① 準備一個寬口的木製盆器，盆底用碳鋪滿。
② 盆器中間放一個沒有底部的容器，外盆放混合100%椰纖土和碳化稻殼（加入10%）的土。
③ 在中間容器裡也放入相同的土與蚯蚓，蚯蚓放入後輕輕地攪拌一下。
④ 中間容器是蚯蚓的用餐區，外盆則是牠們的廁所，牠們能夠自由地穿梭在中間容器與外盆之間。
⑤ 外盆的空間可以用來種蔬菜、香草或花卉植物。

建議使用素燒的陶盆當作蚯蚓的用餐區

放在盆器中間沒有底部的容器，因為是要當作蚯蚓用餐的地方，請選擇透氣性佳、不易腐爛的素材。我家用的是把底部鋸掉的植物栽種用陶盆。如果有一把連磚頭都能鋸的萬用鋸子，就能鋸掉素燒陶盆的底部。

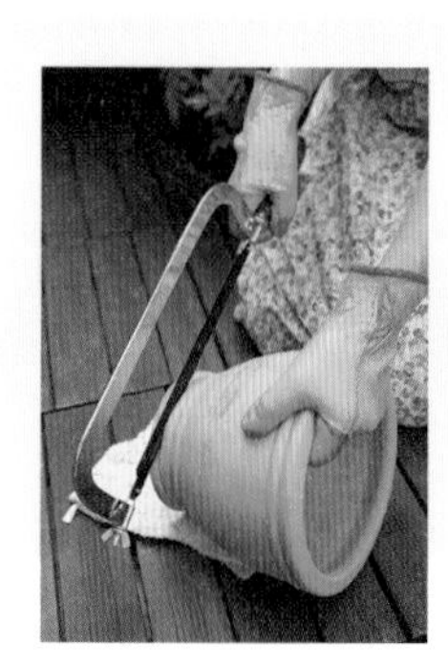

使用便宜好用的鋸子，鋸掉陶盆底部。

Q 蚯蚓吃些什麼呢？

玄米茶的茶葉渣或是菜渣等 A

我是用玄米茶的茶葉渣或是菜渣來餵養牠們。由於魚肉類的分解比較花時間，最好避免拿來餵食。把蚯蚓的食物放進中間容器後，請輕輕地攪拌一下土壤。

Q 要如何取蚯蚓糞呢？

挖取表面的土壤就行了 A

蚯蚓的糞便會堆積在外盆的表層，當植物栽種期結束後，挖取表面的土壤就行了。平常我是利用湯匙挖取植物與植物之間的土來用。

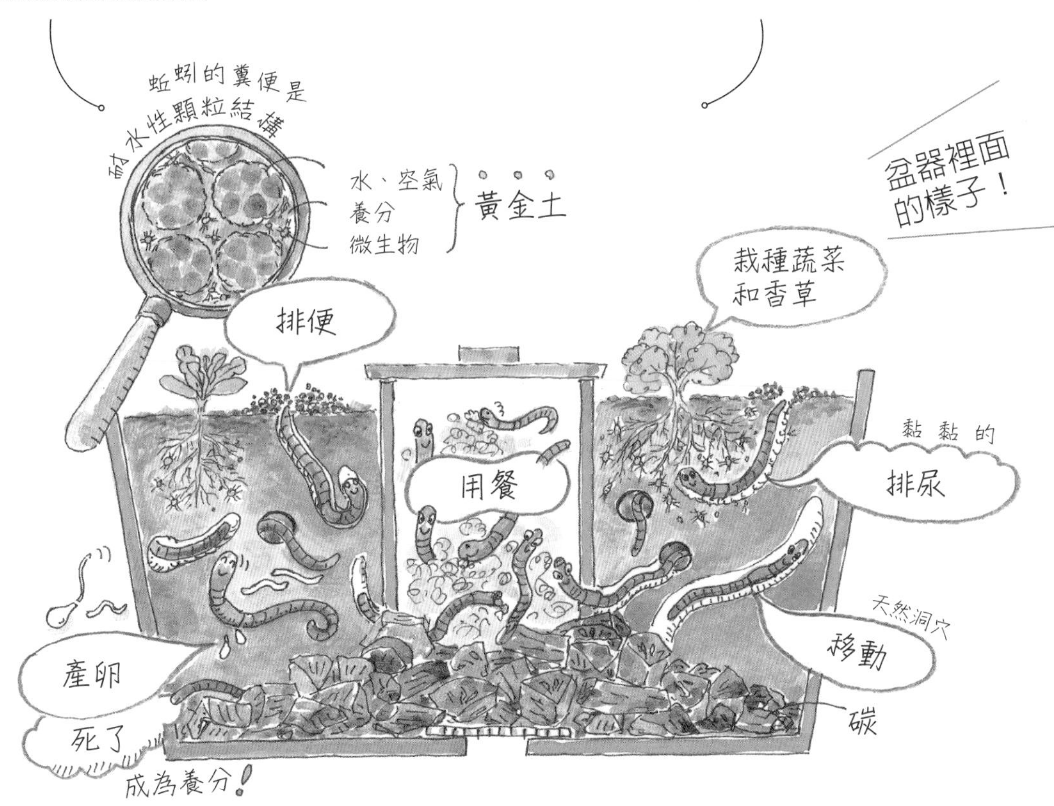

蚯蚓糞堆肥容器的剖面圖。中間的容器是蚯蚓的用餐區，外圍的盆器是廁所與蔬菜田。請放在半日照、雨水淋不到的地方。

【準備的東西】

○蚯蚓（約 200 條左右）
○深 25～30 公分、直徑 45 公分左右的木製盆器
○圓形容器（約能容納 4 公升的 7 號素燒陶盆）
○木蓋（利用被鋸掉的素燒陶盆的底部當蓋子）
○木杓
○烤肉用碳（長度約 5 公分）
○椰纖土（約 30 公升）

這些都NG！

餵蚯蚓吃魚、肉、優格等乳製品，或是柑橘類、蒜頭、辣椒等刺激性強的食品（含農藥的蔬菜也NG）／在旁邊的作物施加液體肥料或有機質肥料（會破壞天然的平衡環境）／灑農藥（即使是天然成分也不建議使用）

Rule 3

光合作用比追肥更重要

蔬菜成長過程中需要的不是高價肥料而是「光合作用」。只要有充足的日照與水，就足以完成日常的基本管理。

宛若寶石的小番茄。澆水的時候請注意不要澆在果實上，果實表面如果有水，再晒到太陽的話，就會裂開。

添加太多肥料，種出來的蔬菜反而纖弱

許多人都認為種菜一定要施肥。因此，用混植的方法種蔬菜，就會有共通的疑問：「每種蔬菜施肥的時機都不同，所以只要到了某種蔬菜的施肥時間就都要加嗎？」

在製作基本土壤時，注入的基肥是必須的。而我家菜園使用的基肥是在前面提到過的，含有「菌根真菌」的土或是「蚯蚓糞土」，不過，只要土壤中的微生物夠活躍，日後就不需要再追加肥料。少量的肥料對菌根真菌等微生物來說剛剛好，而且栽種期間短的蔬菜更不需要追肥。陽台有種花的人，先在土壤裡加入「蚯蚓糞土」之後再栽種菜苗，一來能改善土質，二來也能把蔬菜種得很好。

不過，像是茄子等成長中需要很多營養且能長期採收的蔬菜，當它們的葉子和芽長

得不好時就須適度追肥。這是因為肥料一旦加太多，會使得土壤中的養分失衡，造成葉子長得很茂盛，但根卻沒有成長，反而種出沒有抵抗力的纖弱蔬菜。因病蟲害而全軍覆沒就是營養失衡的結果，像這樣的蔬菜還真不少。

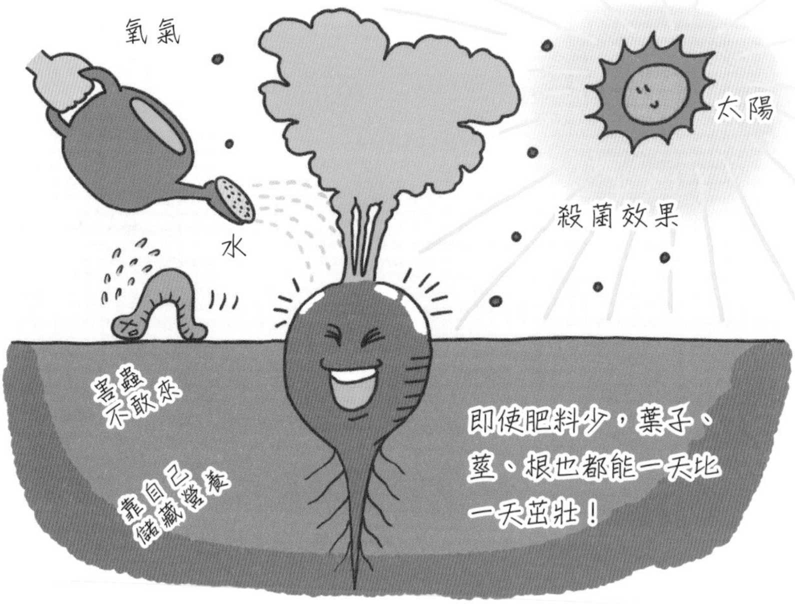

開始光合作用……
只要有陽光、水和氧氣，植物就能自行進行光合作用。由於能確實儲藏營養，便不怕生病，能健康成長。

光合作用需要水和日照

比起肥料，植物生長過程中最需要的是「光合作用」。在沒有人可以幫忙施加肥料的原野上的植物，也是靠自己進行的光合作用儲藏養分。光合作用的基本條件是陽光、氧氣和水。早晨太陽上升的時候是最佳的光合作用時機，因此我都盡量在早一點的時間澆水。

栽種在土量有限的盆器裡和直接種在土地上不同，盆栽植物很容易缺水。而植物也跟人類一樣非常需要「水」。澆水時請看一下蔬菜，基本上，當土乾乾的時候就澆多一點水。尤其是盛夏酷暑的陽台，除了陽光的反射，同時也受到冷氣室外機熱風的影響，須早晚各澆一次。秋冬則視種植的植物而定，通常2~3天澆一次水。

不過，也不能完全以偏概全。例如，小黃瓜在結果實時就需要非常多的水。像這種時候就要不斷地給予水分。

日照對預防疾病等的問題也相當重要。最好是能夠整天都曬到太陽，但是像葉菜類、香草等植物，一天只曬4小時也沒關係。盡情選擇半日照也能栽種的蔬菜吧！話又說回來，番茄等果實類蔬菜就有點難以應付，但是說放棄不種還太早，只要下番功夫就能解決日照不足的問題。

剛發芽的小番茄以及青椒等夏季蔬菜的菜苗，吊掛在陽台，享受充足的日光浴。

剛發芽的新芽照射到充足的日光，長成健壯的苗，也會增加收穫量。

取代手提水桶的不織布袋子、瀝水盆、琺瑯鍋，各自吊掛在陽台上。

Rule 3 光合作用比追肥更重要

盆器不放在地上，改用立架或站立式盆器

開始打造你的陽台菜園之前，請先仔細觀察陽台。即使覺得日照差，只要陽台位在東邊，從早晨開始就能晒到朝陽；在西邊，傍晚也晒得到。光合作用中最重要的是陽光。特別是剛發出的新芽更需要陽光才能伸展，只要日照充足就不會過於細長，長成健壯的苗之後便能順利地生長。

因季節更迭，光照的方向也不同。太陽位置高的夏天，圍牆邊是日照最佳的場所；太陽偏少的冬天，日照則直達室內深處。配合陽光晒得到的地方，移動你的盆器吧！

如果盆器不容易移動，就不要放在地上，將空間做直立式的利用，打造一個日照好的場所。陽台的上方不僅日照佳、通風也好，是植物生長的好環境，不妨將盆器改放在高一點的立架上，或利用站立式盆器，如果陽台空間足夠，還可以組裝一個直立式藤架，能栽種的空間就更寬敞了。

通常立架和藤架大多都放在靠室內那一側，但對植物而言，通風良好的圍牆邊才是最佳場所，請把它們放在這裡

地板比較不容易照到太陽，利用有腳的盆器，或是晒東西用的鉤子吊掛起來，都是改善日照的方法。

把現有的東西
變身成吊掛式盆器！

不用特地去買吊掛式盆器，只要利用身邊的東西再多加一道手續，
就能變身為令人驚喜的空中庭園。

把碳放入復古風的皇冠型盆器裡

我很喜歡這個在英國的骨董市場買的皇冠型盆器。把繩子穿入中間的洞孔就可以吊掛起來。因為有點深度，底部就放既輕且通氣性佳的碳，以取代缽底石。

不織布鋪在環保提籃裡

原為廚房雜貨的時尚風環保提籃。原本就附有手把，很簡單地就能吊掛。由於縫隙大，裡面鋪了折疊的不織布，開好洞孔後再放土。因為深度不深就不需要放缽底石。

吧！但要注意的是，大樓的陽台屬於公共空間，請先詢問管委會並依照規定設置。

吊掛式盆器
能有良好的日照及通風

如果家裡有晒東西用的鉤子，建議改用在空中栽種的吊掛式盆器。不僅能百分之百晒到太陽，通風性更是好的沒話說。市售的吊掛式盆器種類玲瑯滿目，但不需要特別購買，只要利用身邊既有的東西就行了。好比說，廚房用的蔬菜瀝水盆，或是有孔的鍍錫水桶、鍋子、不織布環保袋等等，加裝上把手就能隨意吊掛，時尚空中花園就這麼簡單地形成。

容器請選擇排水性良好的，底部已經有洞孔的當然最好，沒有就自己開洞吧！利用五吋釘和槌子就能開洞，便利的電動鑽孔機也行。不織布環保袋的洞孔要多做一些。把不織布和椰子殼鋪放在縫隙大的鐵籃裡，就是一個好用又耐看的盆器。

4 Rule

為蔬菜選擇適合種植的季節

幾乎所有葉菜類的蔬菜都能在春秋兩季各播種一次，
但也有在春天播種卻失敗的蔬菜。
其實只要選對適合種植的季節，便能享有接連採收的種菜樂趣。

在秋末混植高麗菜。約長出 5 片葉子時，就是最適合混植的時期。

十字花科的蔬菜適合於沒有病蟲害的秋天播種

我住在千葉縣的市區，氣候比較溫暖，秋天到隔年的春天是陽台菜園的最佳季節。冬天的日照時間雖短，但低角度的陽光卻能照射到陽台角落。

因此，即使是嚴寒的冬天，陽台的溫度也比一般菜田高2～3度，能栽種各種蔬菜。

更令人開心的是，秋冬兩季幾乎沒有病蟲害。您是否有過春天播種的葉菜類蔬菜，葉子都被蟲子吃光光的經驗呢？

尤其是初學者也能簡單上手的小松菜、水菜等十字花科的蔬菜最受蟲子的喜愛。與其在春天播種，不如選擇蟲少的秋天，讓它慢慢地生長到冬天，如此一來，採收期更長。

若在秋天播種，到了成長期氣溫就會剛好下降，但什麼時間點適合播種，則還要看各自成長的情況而定。由於陽台比菜田溫暖，請參考種子包裝上寫的適合栽培時期，在適合時期的後半期播種，便能大幅減少蟲害。再加上澆水的次數也比春夏期間要少，栽種管理上相對輕鬆。

白菜、小松菜、菠菜等蔬菜愈冷愈能儲藏醣分以保護自己，於是增加不少鮮甜度。另外，像芝麻葉等香草類的葉子也很鮮嫩，水菜、芥菜和山東白菜等更是清脆水嫩，真是極品。我認為，秋天栽種葉菜類蔬菜比春天要好得多了，只要選擇適合的季節就不怕失敗。

適合秋天～冬天栽種的 **推薦蔬菜**

芝麻葉	**小松菜**	**菠菜**	**鴨兒芹**	**芥菜**
山東白菜	**青江菜**	**小蕪菁**	**白菜**	**白蘿蔔**
高麗菜	**青花菜**	**白花椰菜**	**茼蒿**	**櫻桃蘿蔔**

除了酷暑寒冬，隨時都可播種的芝麻葉和小松菜，是適合初學者從種子就開始栽種的蔬菜。不過要注意的是，若在春天播種可能就成了蟲子的大餐。反之，在秋冬慢慢地生長，葉子會更鮮嫩。

小蕪菁

雖然可以在春秋播種，但因為它屬於十字花科，建議在秋天比較好。栽培期間短，很適合初學者。

芝麻葉

秋天播種，到了初春會開出象牙色的可愛花朵。葉子和花都可食用，帶點辛辣的芝麻味道，非常美味。

青江菜

疏苗後移植到空罐栽種的迷你青江菜苗。因為是秋天，也不需擔心菜苗會遭受到病蟲害。

春天可栽種萵苣，認識原產地也很重要

要是很想在春天播種，請選擇不怕蟲的品種。同樣都是葉菜類蔬菜，菊科的萵苣就不會有害蟲。尤其是紅萵苣等紅色系蔬菜，害蟲是看都不會看一眼，非常適合跟其他蔬菜一起混植。市面上也有販售把許多品種的萵苣混合在一起的種子，栽種起來就像一盤綜合沙拉，相當有趣。

有的種子要在比較暗的地方才會發芽，有的種子則需要微弱的光線。不過大部分都是屬於前者，所以在種子發芽之前，請先蓋上一張浸濕的報紙製造暗室的感覺。此外，萵苣和胡蘿蔔等喜歡微弱光線的種子不要埋太深，否則不會發芽，蓋上薄薄的一層土，或是用手輕壓進土裡就行了。

除此之外，若能事先認識蔬菜的原產地，栽種起來也比較得心應手。

例如，茄子的原產地是印度。印度的夏季是季風氣候，6～9月的降雨量約占年雨量的70％以上，所以茄子的生長期間幾乎都在下雨。於是我們了解到，茄子需要很多水的理由就在這裡，這也是栽種成功的提示。細心呵護蔬菜的同時，想像一下它的原產國也是種樂趣。

3月左右聚集到小松菜上的蚜蟲

Short story 2

根的任務

上／用混有碳渣的日向土栽種豇豆和番茄。採收完番茄時，一看到根上面吸附著碳和土粒，著實嚇了一跳，也看到長著絲的黏性物質。

下／用椰纖土栽種的薑。鬆軟的根上面有很多細小的土粒，根鬚呈白色半透明狀且水分飽滿，採收完薑後，再把它放回土裡。

根與微生物製造出「會呼吸的土」

自從開始發展家庭菜園，我就很重視根的生長。根的任務是在土裡支撐著植物，並將水分和養分送到莖和葉。在土量有限的盆器裡栽種，長出許多健康的、細細的毛根比粗根更為重要。因此，最為理想的土壤，就是具有許多細微縫隙的團粒構造的土。

為了能持續保有鬆軟的團粒土，除了土壤微生物，也要借重根的力量。共生在根部周圍的「根圈菌」菌絲比根鬚長，能分解土壤中的養分，此時分解出的黏性高的物質就會跟土粒結合，進而發展成團粒。微生物多樣的土壤被稱為「會呼吸的土」，或許就是這個緣故。根也會從前端分泌出一種黏性物質，以固定根部表面的微生物。光是想像根借重無數微生物的幫忙而製造出優異的土，就不難發現土壤中的世界散發著神祕光輝。

Part 2

讓陽台成為家中主角！

運用混植盆栽
打造整年豐收的菜園

春夏時節，小番茄和羅勒混種在一起，
那麼到了秋冬要一起種什麼呢？
接下來我將首度公開，如何開始在陽台搭築菜園的方法，
以及這些年來嘗試混植栽培的組合例子，
還會介紹用了很多年的盆器們。

開始打造混植菜園

How To

就算陽台不大，也請捲起袖子一起來種蔬菜、香草和花卉的混植菜園吧！
首先跟大家介紹搭配組合的祕訣。

蔬菜們要怎麼組合才適合？
混植菜園的祕訣

萵苣、韭菜 非常適合與各類蔬菜混植

透過前面內容了解混植栽培法能打造多樣性的環境後，再來就是實際組合了。最常被拿來與其他植物搭配組合的是芝麻葉等十字花科與萵苣等菊科的蔬菜。秋天，我會混合水菜和小松菜的種子一起播種，同一個盆器裡如果再種上萵苣，就能避開蚜蟲和菜蛾等害蟲。其中像是非結球萵苣、紅菊苣等的紅色葉子，害蟲更是連看都不看一眼，因為，蝴蝶和蟲都討厭紅色葉子裡多酚的苦味。

而韭菜、蔥、蒜等的根部也都含有抗菌物質，因此土壤中的微生物更是豐富，皆能有效預防病蟲害。尤其是韭菜相當抗暑，分株後就能再長，通常都與番茄、小黃瓜、茄子等夏季蔬菜混種在一起。

即使是共榮作物，也可能不適合混植在盆栽

適合混植在一起的植物稱為「共榮作物」，它們是互相促進彼此生長、防止病蟲害的有益植物。採用自然栽培法的農田其實也是實踐這樣的做法。只不過，也有不適合在盆器中混植的組合。

舉例來說，雖然番茄和落

不失敗！

混植菜園的 5大重點

開始在陽台打造混植菜園後，實際成功的範例。

Point 1 * 把菊科蔬菜和蟲子喜歡的十字花科蔬菜種在一起

〈十字花科〉
水菜、小松菜、高麗菜、青江菜、白菜、芝麻葉
＋
〈菊科〉
萵苣、山茼蒿、洋甘菊、菊苣

將帶有獨特氣味的菊科蔬菜和毛毛蟲喜歡的十字花科蔬菜混種在一起，蟲子就不敢靠過來了。

Point 2 * 將抗暑性強的韭菜和夏季蔬菜混種，可預防疾病

茄子、番茄、青椒、小黃瓜、辣椒
＋
韭菜

韭菜非常耐熱，而且共生在韭菜根部的拮抗菌能防止病蟲害。彼此的根相互盤結，效果更佳。

Point 3 * 生命力強的香草和各種蔬菜的搭配組合

番茄、青椒
＋羅勒

茄子、糯米椒、辣椒、秋葵
＋百里香

香草的氣味能趕走蟲子、幫忙照顧土壤的品質。而且大部分都是多年草本，可以持續種植，也能用來做菜，好處多多。

Point 4 * 利用花卉覆蓋土壤、引誘幫助受粉的蟲子

四季豆、長豇豆、芝麻
＋牽牛花

除了牽牛花，耐寒的三色堇、香雪球也能發揮保溫覆蓋的作用，預防土壤乾燥，也具有引誘蟲子幫助授粉的效果。而且，我們的目光會自然看向有開花的地方，如此一來就不會忘記澆水和除蟲了。

Point 5 * 蔬菜採收後的細根，重新放回土壤中

蔬菜採收後，把留下的鬆軟細根直接放回土壤中。因為盆器裡還有其他蔬菜，請小心不要把土翻亂了，菌根真菌也不要丟掉。

花生也是共榮作物，但實際上種了之後發現，落花生開花後，子房柄會向下潛入土壤中後結果實，和番茄種在同一個盆器的話，空間就不夠寬敞，因此收穫不多。

相較之下生命力強的香草對有限空間的適應力相當好，也和蔬菜很搭，不僅能提升土壤品質，其氣味更能趕走害蟲。大部分的香草都是多年草本，能一直栽種也是它吸引人的地方。我家的蔬菜能持續連作，我想就是因為和香草種在一起的關係。

在陽台實踐了二十多年的混植菜園，我深切體驗到一個好的搭配組合的重要性。在第3章的推薦蔬菜與香草內容中，也有個別介紹適合混植的植物，各位不妨參考著親手試種看看。享受各種混植樂趣的同時，去發掘出適合自己家陽台的組合吧！

實踐篇 Ver.1

小番茄的混植

初夏定植，夏天採收，秋天改種

小番茄是夏季蔬菜的代表，於5月種下，到了晚秋就可以採收。請和共榮作物的羅勒和百里香一起種吧！這裡將詳細介紹混植方法、栽種方法，以及秋天時改種其他作物的建議。

小番茄＋羅勒＋平葉巴西里＋百里香

利用一般園藝用的深盆器，混植從夏天到晚秋都能採收的小番茄和羅勒，再加上隱身在番茄陰影下也能生長的平葉巴西里，還有可以引誘蜜蜂前來、幫助授粉的百里香。

盆器尺寸

放置場所	☀☀☀
栽種容易度	★★★

Step 1

小番茄混植盆栽的定植

照著做，初學者也會種！

在完全回暖的5月，準備好小番茄苗。把能彼此互助、也能做番茄料理的羅勒、平葉巴西里、百里香都種在一起吧！

【準備】

Ⓐ 小番茄苗

Ⓑ 羅勒苗

Ⓒ 平葉巴西里苗

Ⓓ 百里香苗

※其他：12 號盆器、基本土（請參照第 35 頁）、缽底石、支架

把缽底石放在網子裡面再放入盆中，之後就能重複使用很方便。

①加土

盆器深，就要鋪多一點（5 公分左右）能保有通氣性的缽底石，之後再放入土壤。

②立支架

土壤約加到六分滿時，先把支架放入再繼續加土，可防止支架傾倒。這裡用的是支架環。

蔬菜苗種在盆器外圍會長得比較好！

③決定栽種位置

土壤約加到八分滿後，將蔬菜苗連同原本的育苗盆放在土上，並觀察花的生長方向，栽種在外圍，不僅根比較容易呼吸，也比較好伸展。

最適合混植的時期是小番茄開第一朵花的時候。

④定植小番茄

小番茄的花是朝向外側的，請小心地從育苗盆取出然後種到盆器裡。如果是嫁接的苗，留意接枝的地方不要被土覆蓋住。

羅勒怕悶熱，要給予良好的通風。

⑤修剪羅勒苗

栽種前先把靠近土壤、過於密集的幼苗剪掉。

握在手掌中間，輕輕地撥鬆。

⑥定植羅勒

靠近土壤的幼苗疏密後就可以種到盆器裡了。從育苗盆取出後，輕輕地把根撥鬆再定植。

⑦定植平葉巴西里

平葉巴西里和羅勒一樣，都要先撥鬆根之後再種入土裡。

⑧定植百里香

從育苗盆取出百里香後直接種入土裡。

支架與苗之間要保留空間。

⑨固定小番茄

事先預留莖長大後變粗的空間，利用麻繩鬆鬆繞2、3次後打結，將小番茄苗固定在支架上。

澆水，完成了！

⑩完成

大量澆水，澆到水從盆器底部流出來為止。並放在日照佳的地方。

Step2

定植後到採收前的菜園報告！

小番茄混植盆栽的栽培與採收

把小番茄的混植盆栽放在陽台日照佳的地方栽種吧！
接著就來看看附上日期的成長報告。

5月11日

摘除側芽，集中養分

用手摘除從莖和葉子相連的部分生長出來的側芽。

6月20日

固定枝幹＆摘除側芽

進入梅雨季，小番茄的枝幹迅速生長，將這些枝幹固定在支架上並摘除側芽。最下方已經長出果實也開始變色了。

7月6日

採收完全成熟的小番茄

即使是同一個花房，還是有成熟的先後順序，因此從先變成紅色的小番茄開始採收。這個盆栽裡也種了羅勒和平葉巴西里，採收的時候只摘下料理用的分量。

戰勝雨水的堅韌小番茄

5月9日把苗種下去之後，放在陽台晒得到太陽的藤架上，然後不時地去轉換盆器方向。

如果放任側芽生長，莖就會長得細，所以要適度摘除。不過，當番茄採收到第三段且莖也變粗，之後再長出來的側芽不摘除也沒關係。7月是採收的高峰期，但8月遇上降雨導致收穫量減少，不過，到了12月仍舊結實纍纍。

8月22日

努力生長中的混植菜園

2017 年夏天，在關東地區是有紀錄以來雨下最久的季節。雖然收穫量比往年的夏天少，但小番茄和香草還是這麼地有朝氣與活力。

香草也只採收需要用的量

當羅勒長出花芽就要趕快採摘，如此一來便能一直採收到秋天。平葉巴西里和百里香也需要修剪及採摘，以保持通風。

羅勒要摘芯

現採的最美味！

幾乎每天都能採收戰勝雨水的鮮甜番茄和香草。今天也是現採現吃！

7月27日

陸續採收小番茄和香草

下方的小番茄採收結束後，就不需摘除側芽，讓它生長出來並陸續結果吧！活力滿滿的香草也要順便修剪及採收。

Step3

夏天的羅勒栽種期結束後，換上秋季蔬菜！

小番茄混植盆栽的改種

小番茄的採收告一段落，羅勒也差不多到了尾聲，該改種秋季蔬菜了。
那就來種目前蔚為風潮、具高營養價值且美味的義大利蔬菜——黑葉甘藍。

10月21日

連枝幹一起剪斷

連枝幹一起剪斷，做為最後一次的採收。由於枝幹變得有點粗了，需用點力氣才能剪斷。

Before 換下羅勒改種黑葉甘藍

雖然羅勒摘除掉花芽就可以採收到11月左右，但還是要提早跟它含淚說再見。改種利用和混植盆栽相同的土，從種子時期開始培育的黑葉甘藍苗。

拔起羅勒根

利用前端尖尖的鑷子切斷羅勒根。拔的時候要注意，如果硬拔會連根上面的土一起拉出來。

把根拔起後，再加入蚯蚓糞堆肥

時間來到經常下雨的10月，小番茄混植盆栽也要換上秋裝了。因為小番茄還結有果實因此把它留下來，但羅勒一到冬天就會枯萎，所以這時便可改種從種子開始培育的黑葉甘藍苗。

拔起羅勒根後，將沾附在根上面的土以及前端的細根再放回原盆器的土壤裡。儘量不要破壞土壤中的環境，加入蚯蚓糞堆肥後就可以種新苗了。

【栽種黑葉甘藍的順序】

① **土裡加入蚯蚓糞堆肥**

在要栽種的 2 個地方，分別加入一把蚯蚓糞堆肥。

② **從育苗盆中取出苗**

將苗從育苗盆中取出，並把這 2 株分開各成 1 株。

③ **把苗連土一起移植**

把苗連土一起種入盆器裡，因為育苗盆裡的土與混植盆栽的土是一樣的。

④ **壓平土壤後定植**

將苗種入加有蚯蚓糞堆肥的坑洞中，再用手將土壓平。

土壤中的微生物回歸原位

羅勒根拔起後，將根部四周的土以及前端白白的細根再放回到土壤裡，如此一來根部四周的微生物也一起回到土裡，維持了土壤環境。

After

秋天風情開始了！

2 株黑葉甘藍成了菜園裡的目光焦點，與旁邊的百里香、平葉巴西里也很搭，留下生長比較好的，預計可以提早採收。等長大之後，從下方的葉子開始採摘，就可以一直採收到春天都不間斷。

實踐篇 Ver.2

茄子的混植

用小小的盆器栽種初夏到秋天的蔬菜

茄子跟小番茄一樣，是家庭菜園的人氣王。從鮮甜多汁的夏茄，到味道濃郁的秋茄，另外還一起栽種了屬於共榮作物的紫蘇。這裡介紹混植的方法、栽種方法以及秋天時改種的建議。

茄子＋紫蘇

無論是肥料還是水都需要大量灌溉的茄子，使用的盆器基本上需要深30公分以上、能盛裝20公升的土壤，不過這次我改種在小一點的盆器，試試看種小型的茄子（我種的是賀茂茄子）。同時也混植能幫忙預防病蟲害的紫蘇。

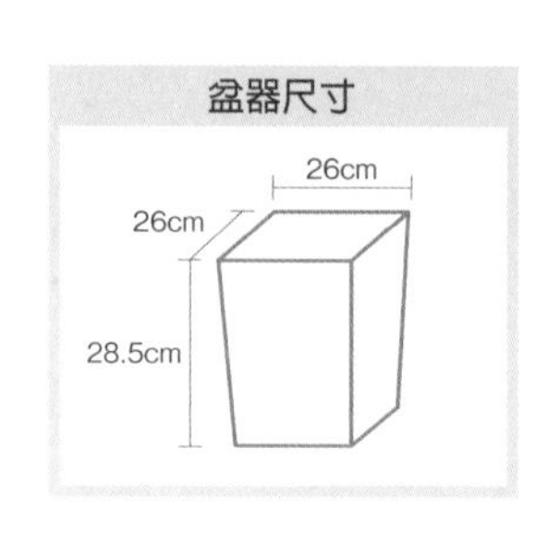

放置場所	☀☀☀
栽種容易度	★★☆

Step 1

照著做，初學者也會種！
茄子混植盆栽的定植

在陽光普照的溫暖日子，開始動手茄子的混植。因為是用小盆器栽種，所以準備小茄子苗，也同時種下適合一起做茄子料理的紫蘇。

【準備】

Ⓐ 小茄子苗
Ⓑ 紫蘇苗
※其他：12號盆器、基本土（請參照第 35 頁）、缽底石

①加土

缽底石鋪滿盆底後，再加土到約六分滿。

②從育苗盆中取出茄子苗

準備移植從種子就開始培育的茄子苗，從育苗盆中取出時要注意不要傷到根。

小心不要把土塊弄散了

③定植茄子

在要栽種的位置挖一個坑洞，種入茄子苗。

④紫蘇苗分株

買回來的紫蘇苗多半有很多株長在一起，把它們分開成 2 株再種下。

⑤定植紫蘇

小心不要破壞到紫蘇苗以及根部周圍的土塊。

⑥完成

大量澆水，澆到水從盆器底部流出來為止。並放置在日照佳的地方。

Step2

定植後到採收前的菜園報告！

茄子混植盆栽的栽培與採收

「超愛肥料」的茄子能平安無事地在小盆器裡長大嗎？
一同來看看從定植之後到採收的成長報告。

留下第一朵花正下方的側芽

通常一株茄子會有 3 枝主幹，但這次我只保留 2 枝。除了第一朵花正下方的側芽外，其他側芽都要盡早摘除。小心不要摘到儲藏養分的兩片子葉。

摘除第一朵花

好不容易開出第一朵花，可是如果在這麼細的枝幹上結果實的話，接下來就不會再結果了，只好忍痛摘除。

5月28日

觀察第一朵花！

如果肥料不夠，茄子花中間綠色的雌蕊就會凹下去而無法授粉，這時就要趕快追肥。

6月24日

立支架避免傾倒

莖長高後就要立支架。用 2 支交叉支撐會更穩定。

8月因為日照不足差點放棄！剪下來重新栽種竟又活了過來

茄子混植盆栽幾乎是跟小番茄混植盆栽同時間種下的。很開心這次選了小茄子，7月時順利地完成第一次採收。葉子鮮嫩的紫蘇很適合當作提味的辛香料，是整個夏天不可或缺的食材。

可是到了8月時，因為日照不足，小茄子沒有結果實，差一點就要放棄的時候，我決定把它剪下來重新栽種看看，結果又活了過來，持續開心地採收到秋天。

8月23日

危機！

因為雨下不停的關係……

茄子因日照不足沒有結果，這時卻又發現葉蟎的痕跡……。我立刻剪掉失去活力的葉子，並加入蚯蚓糞堆肥。順便用鏟子輕插幾下盆器外圍的土，刺激一下根部（鏟子要避開枝幹）。

採收紫蘇！

莖長到 40 公分左右
就要剪掉頂部葉子

紫蘇要摘芯，
以增加側芽

紫蘇的採收大概是從長出 10 片葉子左右開始，不過，當莖長到 40 公分左右的時候就要剪掉頂部葉子，才能夠增加側芽，以提高採收量。

7月22日

第一次採收嬌小玲瓏的茄子

擔心長不大的茄子，終於迎來第一次的採收。因為是小茄子，在採收初期怕枝幹不堪負荷，所以趁還小的時候就採收，日後的生長會比較好。

茄子&紫蘇大豐收！

Step3

夏天的紫蘇栽種期結束後換上秋季蔬菜！

茄子混植盆栽的改種

很開心茄子平安無事地結出果實，
也看到了象徵栽種尾聲的「蘇子（紫蘇的果實）」，應該改種秋季蔬菜了。
我種下沒有苦味且能生食的「羽衣甘藍」。

紫蘇結束

再見了紫蘇

紫蘇的最後收成

醃漬紫蘇葉、紫蘇穗、開花後的蘇子，從初夏到秋天充分品嚐了紫蘇的美味，今天就要和它們說再見了。

秋茄很努力地長大！

Before

10月21日

即將採收秋茄！

往年的10月晴朗的日子多，不過今年有點涼意的雨天卻持續了很久。即便如此，還是結了2顆茄子。我想是8月的修剪與追肥奏效了。

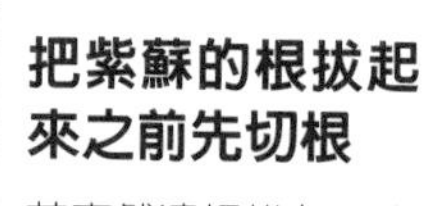

把根切斷！

把紫蘇的根拔起來之前先切根

若突然連根拔起，旁邊的茄子也會跟著倒下，所以先用鏟子刺一下紫蘇根的四周。

保留秋茄，改種羽衣甘藍

平常在茄子的採收全盛期結束後，我不會剪下來重新栽種，而是直接放棄秋茄。不過，今年在8月為茄子修剪了虛弱的枝幹後，10月又再度採收了。真慶幸當時沒有放棄。

夏天採收過後，把茄子枝幹直接留下，然後剷除紫蘇，改種沒有苦味的羽衣甘藍。就跟小番茄混植盆栽一樣，不需要換土，只要加入蚯蚓糞堆肥就行了。

【栽種羽衣甘藍的順序】

① **將苗從育苗盆中取出**

從育苗盆中取出菜苗，並把相連的 2 株分開各成 1 株。

② **加入蚯蚓糞堆肥**

在栽種的 2 個地方，分別加入一把蚯蚓糞堆肥。

③ **苗連土一起移植**

把苗連土一起種入盆器裡，壓平表面的土。

白色根的前端放回土壤裡

整個夏天辛苦了！取出紫蘇剩餘的枝幹後，前端白色的根含有充足的養分，所以拍掉沾在根上的土後重新放回土裡。

After

預計變冷的時候採收

種下 2 株取代紫蘇的羽衣甘藍。順利的話，2 個月後就可依序採收長大的葉子，而且可以持續採收到春天。好期待啊！

混植蔬菜大集合

collection

蔬菜＋花、蔬菜＋蔬菜，一個盆器裡就能衍生出多樣性，
採收的喜悅、菜園的樂趣都增加了二、三倍！

1 不只有苦瓜！綠色窗簾的4個主角

涼爽的綠色窗簾不僅能遮陽，更具有從葉子蒸發出來的天然水霧效果，即使在炎炎夏日也很舒暢。除了代表性的苦瓜之外，當然還有其他能做成窗簾的蔬菜。像是藤蔓性質的小黃瓜，或是從早春就裝扮成夏日色彩的豌豆、長豇豆等豆科作物，以及大人小孩都愛的小番茄和迷你甜椒，只要下點功夫也能成為綠色窗簾。今年夏天開始試試看吧！

小番茄＋小黃瓜＋韭菜＋牽牛花

豌豆採收後，在土裡各加入一些我家的「蚯蚓糞堆肥」和市售的有機質肥料，就可以直接播種夏季蔬菜了。盡可能保留土壤中原本的環境，共生在豆科植物根部的根圈菌會有助於夏季蔬菜的成長。若能誘引小番茄和小黃瓜的枝幹往旁邊生長，就能完成美麗的綠色窗簾了。

盆器尺寸

90cm
32cm
24cm

放置場所	☀☀☀
栽種容易度	★★★

春

〈變化〉

荷蘭豆＋青豌豆＋三色堇

沒有更換盆器裡的土，延續著春天的綠色窗簾。開著紅花的荷蘭豆、青豌豆、下方的三色堇、屈曲花等植物也都開花了。

甜豆＋青豌豆＋三色堇

採收了長豇豆和四季豆之後，在 11 月種下甜豆和青豌豆的籽。度過冬天後，春天時成了一片綠色窗簾，陸陸續續結出果實，真令人開心。

夏

〈變化〉

長豇豆＋四季豆＋牽牛花

長豇豆與爬藤的四季豆混栽。長豇豆非常耐熱，可以長到 60 公分長。尤其是三河傳統蔬菜的「十六長豇豆」的豆莢能長出 16 顆豆仁，能直接食用也可取裡面的豆仁，採收起來很開心。

小番茄＋迷你甜椒＋青花菜

混植小番茄和迷你甜椒的綠色窗簾。鐘形的迷你甜椒也變了顏色，差不多是採收結束的時候，著手準備播種青花菜等秋冬蔬菜。

＊譯註：三河是愛知縣的地名。十六是長豇豆的品種之一。

春

荷蘭豆＋青豌豆＋三色堇

11 月一播種，就茂盛地長出一堆成對葉子的青豌豆，沒想到竟也為我阻擋了春天強烈的日照。豆科才有的花，有著「蝶形花」的美名，而且能陸續採收這點也很迷人。荷蘭豆開花後再過 2 週就可以開始採收，栽培簡單，很適合初學者。下方栽種耐寒的三色堇和香雪球，能保持土壤溫度及預防乾燥。

A	B	C
	D	E

A：荷蘭豆　D：韭菜
B：青豌豆　E：三色堇
C：蠶豆

播種 ▬ 收穫 ▬

	1月	2月	3月	4月	5月	6月	7月	8月	9月	10月	11月	12月
荷蘭豆			收穫	收穫	收穫					播種	播種	
青豌豆				收穫	收穫					播種	播種	

【種植的重點】

如果想要有綠色窗簾，種子就要選擇「爬藤」的。在一個地方播下 3～4 顆種子，當長到約 10 公分高的時候，留下 2 株粗粗矮矮的苗，其他的疏苗。緊密種植也是一種防寒對策。另外要注意發芽前後喜歡來啄食的野鳥。有了耐寒的三色堇和香雪球，如地毯般展開來的花朵們就是覆蓋土壤的最佳主角。

【栽培的重點】

冬天時生長比較緩慢，所以不太需要照顧。如果長太快反而無法度過冬天，因此不可以加過多的肥料。等春天枝幹長高後就要「立支架」，一般來說是架設一張網子，我的做法則是在盆器的背面開洞孔，綁上具有抗菌作用的銅線，讓作物往陽台的天花板生長。同時在銅線上做出圓形環，會比較容易誘引。

春天的綠色窗簾，還有這些！

甜豆

可連同豆莢一起食用的鮮甜多汁的甜豆。開花後 20～25 天，當厚厚的豆莢鼓鼓飽滿的時候，就可以採收來吃。

青豌豆「圖坦卡門」

據說是從古埃及圖坦卡門墓中出土的豆孫們。當紫色豆莢變得飽滿並長出水波紋狀的時候，差不多就能採收食用了。將紫色豆莢放在白米上一起煮，就成了櫻花色的米飯。

夏

小番茄＋小黃瓜＋韭菜＋牽牛花

豌豆採收後，能直接利用支架和網子的就屬苦瓜和小黃瓜這種具有爬藤性質的葫蘆科蔬菜。而且，土壤因為豆科蔬菜的根瘤菌而變得肥沃，在改種的時候不需要更換就可直接使用。栽種番茄、小黃瓜、茄子等夏季蔬菜時，也一起種下共榮作物的韭菜，來自韭菜根的成分能有效預防疾病。

A　B

C　D　E

A：小黃瓜　D：韭菜
B：小番茄　E：雪茄花
C：牽牛花

移植 ━━ 收穫 ━━

	1月	2月	3月	4月	5月	6月	7月	8月	9月	10月	11月	12月
小番茄												
小黃瓜												
韭菜												

【種植的重點】

對初學者來說，小番茄和小黃瓜要播種比較困難，建議直接買幼苗回來移植。並最好是在溫暖的5月栽種。青蔥、韭菜、蒜頭具有大蒜素的抗菌力，根部也共生著可以抑制植物生病的拮抗菌。尤其是韭菜的耐熱性佳，非常適合一起栽種。根部盤根交錯的效果更好。

【栽培的重點】

我種植的小黃瓜品種是「聖護院黃瓜」和「middle Q」。後者會隨著生長的節而結果實，比較容易栽種。採收初期，在早上採收小型黃瓜，有利於日後的生長。而當卷鬚失去活力時就是在暗示「產量減少」的意思。於清晨或是傍晚，在葉子的兩面噴上薄薄的液體肥料效果更好。多年生的韭菜不太需要去管理，採收時只要留下根就行了。

＊譯註：聖護院是一間京都的寺院，聖護院小黃瓜於此地區栽種，屬於「京野菜」。middle Q是由Tokita種苗店開發販售。

夏天的綠色窗簾，還有這些！

爬藤四季豆

初學者也容易栽種，3片一組的葉子看起來相當清涼又可愛。生長到10公分左右就可以採收了。

長豇豆

原產於非洲，非常耐熱及耐乾燥。7月中旬～10月左右，可以開心地與綠色窗簾一起採收。

2

生命力強的百里香與當季蔬菜

即使2～3年不改種也很漂亮！

茄子＋匍匐百里香

把不能沒有水的茄子栽種在容易乾燥的盆器中或許不是明智之舉？不過，因為同時種了百里香來守護茄子，便能順利採收。

在能夠吸引目光焦點的可愛盆器裡面栽種匍匐百里香和當季蔬菜。百里香的花又香又可愛，除了適合做料理或是泡茶，因為殺菌效果強，還能用煮百里香的水來漱口，運用範圍相當廣泛。我家的百里香會定期修剪和分株，栽種至今已經10年了，仍然健康又有活力。盆器中間的蔬菜則是隨著季節改種再改種，視覺上也享受了一場又一場的樂趣。

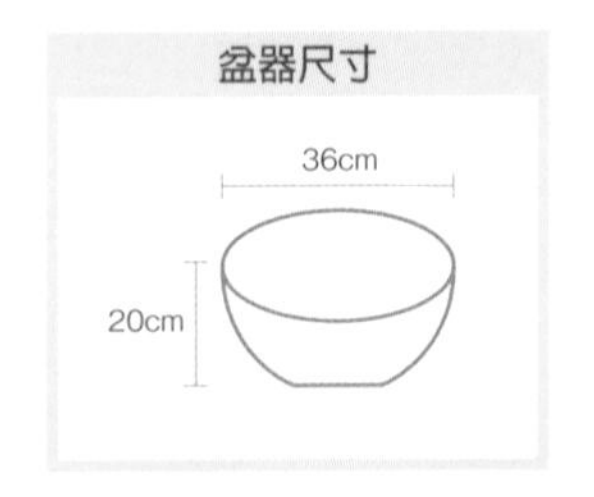

放置場所 ☼☼☼
栽種容易度 ★★★

糯米椒＋匍匐百里香

相當耐熱的糯米椒與喜愛乾燥的百里香真是絕配。把水集中澆在中間，多餘的水分就會往旁邊的百里香滲透過去。

辣椒＋匍匐百里香

與糯米椒相同，相當耐熱幾乎不需照顧的組合。鮮紅色的果實非常搶眼，看起來很可愛。

草莓＋匍匐百里香

百里香圓圓的可愛粉色花朵告訴我們春天來了。雖然這時草莓還沒開花，但百里香本身的甜甜花香會引誘昆蟲過來，有助於草莓的授粉。

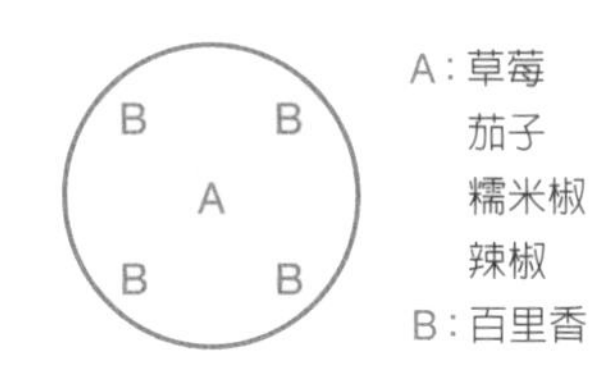

移植 ━━ 收穫 ━━

	1月	2月	3月	4月	5月	6月	7月	8月	9月	10月	11月	12月
草莓												
茄子												
糯米椒．辣椒												
百里香												

【種植的重點】

選擇吊掛式盆器時，土壤的選擇也相對重要。由於土壤容易乾燥，需選擇保水性佳、通氣性好的土，建議選用椰纖土等質輕的土壤，也不要忘了添加基肥。百里香有木立性和匍匐性，若要和蔬菜混植，建議選擇匍匐性的百里香。於春天或秋天購苗栽種。改種蔬菜苗時，百里香直接留下，只需要在改種的地方添加基肥並拌勻後就可以種入菜苗。

【栽培的重點】

在梅雨季來臨前，修剪掉百里香生長太密集的部分，尤其是與盆器接觸到的內側部分，請大膽地修剪掉。此外，百里香也有覆蓋土壤的作用，能守護蔬菜苗順利度過容易發生病蟲害的梅雨季，或是抵擋夏季的乾燥、冬季的寒冷。唇形科的百里香還能幫助草莓、茄子、糯米椒、辣椒等避開容易生長的葉蟎。當夏季蔬菜開花結果後再施予液體肥料。

3

花也能品嚐！

日常使用的3種綜合香草

無論是垂吊還是放地板上都宛如一幅美麗圖畫的鐵絲盆器，栽種了可以為料理增色的數種香草。主要是栽種經常使用且喜愛的香草，有空間的話再種季節蔬菜或是花卉植物。香草不僅與蔬菜很搭，也能提升土壤的品質，其氣味更是讓蟲子躲得遠遠的，相當適合做為共榮作物。有了這一盆香草混植盆栽，做菜時更便利，每天的心情也很愉快。

盆器尺寸

38cm
22cm
14cm

放置場所	☀☀☀
栽種容易度	★★★

白花椰菜＋平葉巴西里＋洋甘菊

白花椰菜和青花菜不同，雖然只能採收一次，卻相當美味。洋甘菊會一直休息到春天，而平葉巴西里在冬天也能採收。

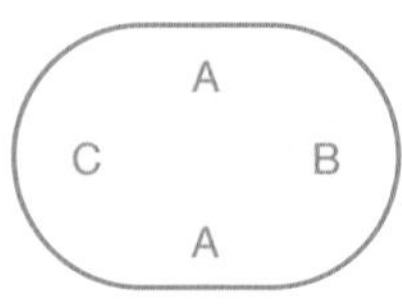

A：洋甘菊
B：白花椰菜
C：平葉巴西里

冬

夏

紫高麗菜＋金蓮花＋平葉巴西里

把義大利人常吃，帶有微微苦味的紫高麗菜種在香草的盆器裡。金蓮花是香草植物，蟲害原本就少，也能為其他植物抵擋害蟲，從夏天到秋天都會開花，花朵和葉子都能食用。

A
D B
C

A：平葉巴西里
B：紫高麗菜
C：芝麻葉
D：金蓮花

冬～春

洋甘菊＋平葉巴西里＋奧勒岡＋琉璃苣

花朵很可愛的洋甘菊和琉璃苣，以及常用於料理的平葉巴西里和奧勒岡，將它們集中種在同一個盆器裡相當方便。

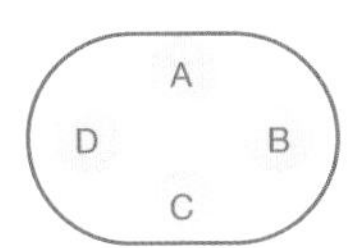

A：洋甘菊
B：平葉巴西里
C：奧勒岡
D：琉璃苣

移植 ━━ 收穫 ━━

	1月	2月	3月	4月	5月	6月	7月	8月	9月	10月	11月	12月
洋甘菊												
平葉巴西里												
奧勒岡												
琉璃苣												
紫高麗菜												
金蓮花												
白花椰菜												

【種植的重點】

市面上販售著許多香草類的種子和幼苗，我建議初學者買喜愛的香草苗回家栽種。不過，薄荷類的香草繁殖力相當旺盛，並不適合混植。香草栽種一段時間後再種蔬菜苗時，只需在栽種的地方添加基肥，並與土壤攪拌均勻即可。如果沒在天氣變冷前種下白花椰菜，食用的花朵會來不及長大，以我的經驗來看，最晚 9 月底就要栽種才行。

【栽培的重點】

雖說栽種香草的環境要稍微乾燥一點，但澆水時卻要大量澆水。到了梅雨季和連續酷熱的夜晚，就要時常修剪彼此糾纏生長的葉子，這時候剛好可以品嚐修剪下來的美味葉子。紫高麗菜相當耐熱也耐寒，更沒有蟲害的問題，可在春天栽種，採收時從外側葉子開始採收。當白花椰菜稍微長大一點後，再利用外側葉子將花朵包起來以遮斷光線。

集合想要煮火鍋的蔬菜！

4 冬季蔬菜和綜合嫩葉

葉菜類蔬菜的綜合嫩葉

在破了個洞的琺瑯鍋中栽種一些想要煮火鍋的葉菜類蔬菜，就成了一盆時尚又美味的盆栽。推薦可在春秋播種也不需擔心病蟲害的十字花科葉菜類蔬菜，它們為迎接冬天而儲蓄的醣分，濃縮了鮮甜滋味。

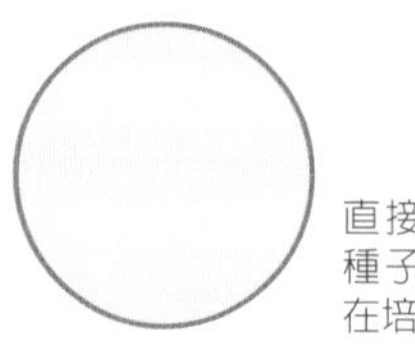

直接將綜合種子隨意撒在培養土上

播種 ▬ 收穫 ▬

	1月	2月	3月	4月	5月	6月	7月	8月	9月	10月	11月	12月
水菜、小松菜、芥菜、山東白菜、茼蒿、塌棵菜（綜合種子）	收穫	收穫							播種	播種、收穫	收穫	收穫

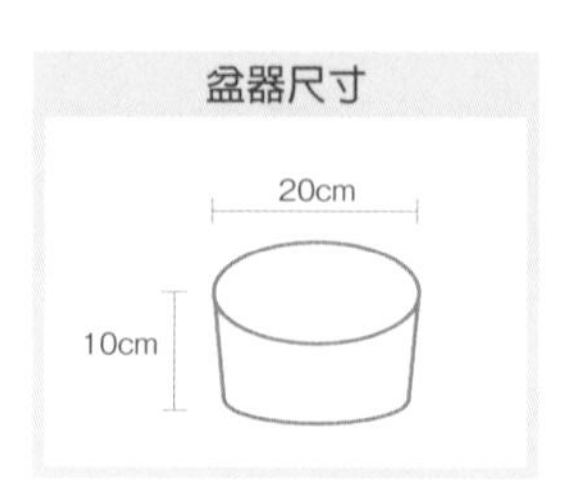

放置場所：☀☀（2/3）
栽種容易度：★★★

【市售的綜合種子或是自行混合都OK】

可使用市售的「綜合沙拉葉」「綜合嫩葉」等混合多種品種的葉菜類蔬菜種子，或是自行混合，只要把種子隨意地撒在培養土上就好。採收時不要整株拔起，利用剪刀剪下葉子。疏苗的菜葉可用來做成沙拉，比較大片的葉子就很適合煮火鍋。

每天早上都可享用新鮮沙拉！

5 ｜早春的綜合萵苣

非結球萵苣＋三色堇

即使是還有點冷的3月，陽台已經迎來小小的春天。種類眾多的非結球萵苣旁邊是通知我們「春天來了」的三色堇。而被當作盆器的編織包，也為陽台增添明亮的光彩。現採的鮮嫩菜葉就是一盤豐盛的佳餚。

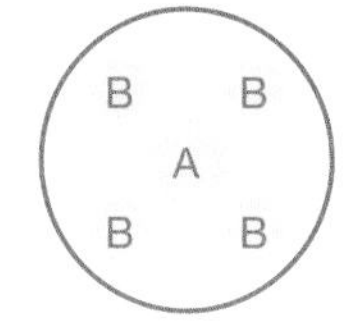

A：非結球萵苣
B：三色堇

移植 ━━ 收穫 ━━

	1月	2月	3月	4月	5月	6月	7月	8月	9月	10月	11月	12月
非結球萵苣												

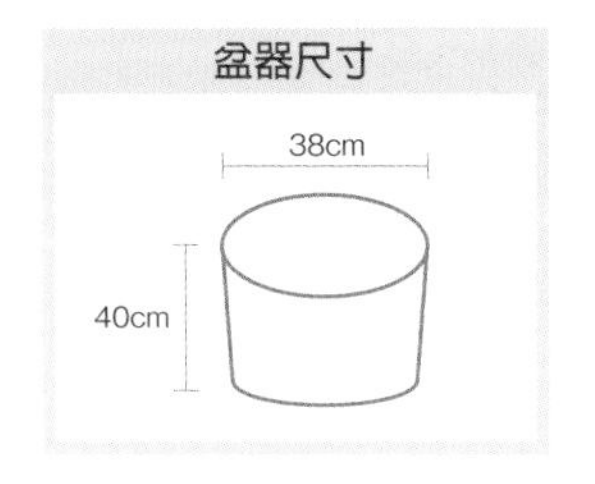

放置場所
栽種容易度 ★★★

【用保麗龍取代缽底石】

由於編織包比較深，栽種根比較短的萵苣時，將保麗龍放在網袋中以取代缽底石。萵苣種在編織包的中間，四周則種三色堇。萵苣是菊科植物，即使春天栽種也幾乎不需擔心病蟲害的問題。採收萵苣時，不要整株拔起，從外側葉子開始慢慢採收。萵苣結束後就能改種秋天的高麗菜。

和花朵一起打造繽紛色彩！

6 全年都能採收的牛皮菜盆栽

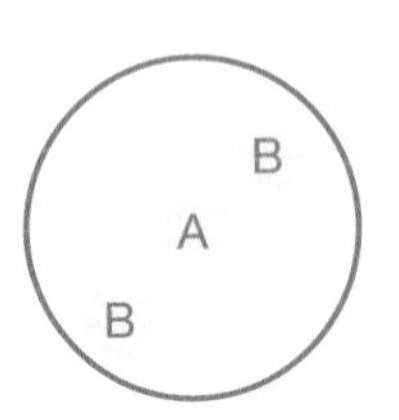

A：牛皮菜
B：三色堇

牛皮菜＋三色堇

栽種不容易在超市或市場買到的蔬菜也是陽台菜園的樂趣之一。牛皮菜的莖很特別，有紅的也有黃的，每當要混植時思考著該搭配什麼顏色的花朵，就令人興奮，搶眼的色彩也讓它被列為混植菜園裡的人氣植物。種在陽台的話，幾乎全年都能採收，也是牛皮菜迷人的地方。它和菠菜一樣帶有苦澀味，快炒會比較好吃。

播種．移植 收穫

	1月	2月	3月	4月	5月	6月	7月	8月	9月	10月	11月	12月
牛皮菜												

【避開盛夏與嚴冬，隨時都能播種】

除了春秋適合播種，只要避開盛夏與嚴冬，隨時都行。由於種子的皮比較厚，須浸泡在水裡一個晚上再種。如果是買到菜苗，就可以輕鬆地移植，並與三色堇一起混植。也幾乎不需擔心病蟲害的問題。生長到 20～30 公分時就可以從外側的葉子開始採收。但如果採收的時機晚了，纖維就會變硬，這點還請留意。

盆器尺寸

放置場所	☀ ☀ ☀
栽種容易度	★ ★ ★

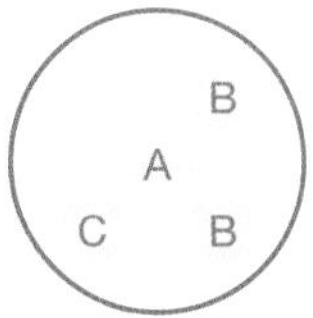

A：芹菜
B：百里香
C：蝦夷蔥

芹菜＋百里香＋蝦夷蔥

烹調時會用到一點點、能展現料理技術也能增加食欲的辛香蔬菜，我利用瀝乾生菜和義大利麵水分的瀝水盆來混植。在瀝水盆的把手綁上繩子就成為吊掛式盆器，直接從陽台搬到餐桌上，瞬間也成了一幅美麗的餐桌畫。芹菜相當耐熱抗寒，特徵是具有咖哩風味的辛香味。除了葉子和莖，種子也能用來增添料理的香味。

自己種，做菜時隨時都能立刻摘取！

7 讓料理更迷人的辛香蔬菜

播種・移植 ▬ 收穫 ▬

	1月	2月	3月	4月	5月	6月	7月	8月	9月	10月	11月	12月
芹菜				播種・移植	播種・移植	播種・移植、收穫	收穫	收穫	播種・移植、收穫	播種・移植、收穫	收穫	收穫
蝦夷蔥			收穫	播種・移植、收穫	播種・移植、收穫	收穫			播種・移植、收穫	播種・移植、收穫	收穫	
百里香			收穫	播種・移植、收穫	播種・移植、收穫	收穫	收穫	收穫	播種・移植、收穫	播種・移植、收穫	收穫	收穫

盆器尺寸

放置場所 ☀ ☀ ☀
栽種容易度 ★ ★ ★

【盆器內側鋪氣泡紙】

使用瀝水盆等附有孔洞的容器時，為避免土壤流失，請在容器內側圍上一圈氣泡紙。氣泡紙的平滑面朝內，另外戳數個洞孔以方便水流出。氣泡紙也是一種隔熱材料，能抵禦寒冬，保護植物的根。芹菜和蝦夷蔥都可在半日照的地方栽種。

6 月中挖出來的北海 63 號馬鈴薯，
種 1 顆竟能收穫這麼多。

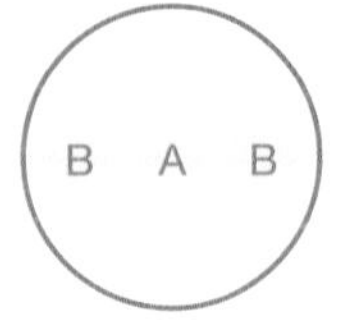

A：馬鈴薯
B：青蔥

馬鈴薯＋青蔥

將不織布袋子放入耐水性強的竹籃中，就成了栽種用的盆器。在白菜採收結束後，不需換土直接改種馬鈴薯。如果栽種時間晚了，收穫量便會減少，這點還請留意。青蔥和白菜都是在秋天種下苗。青蔥的抗菌作用能保護馬鈴薯免於疾病的侵襲。

利用竹籃與不織布！

8 春天最美味的「北海 63 號馬鈴薯」

移植━━ 收穫━━

	1月	2月	3月	4月	5月	6月	7月	8月	9月	10月	11月	12月
馬鈴薯		移植	移植			收穫						
青蔥	收穫	收穫	收穫	收穫	收穫	收穫			移植	移植、收穫	移植、收穫	收穫

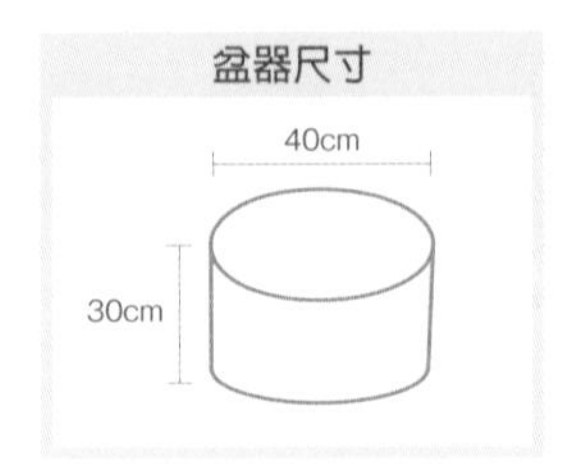

放置場所	☀ ☀ ☀
栽種容易度	★ ★ ☆

【遵守適當栽培期，添加土壤與光合作用】

建議購買不易生病、繁殖用的馬鈴薯，先在室內放到發芽。盆栽中挖一個8公分深的洞，把發芽的馬鈴薯整顆放入。請注意，馬鈴薯上的芽只能留2個，其他都要挖掉。由於果實會長在生長出來的莖上，成長過程中須多次添補土壤。把不織布袋子鋪放在竹籃內側，多出來的袋口向外反摺，每次加土時再向上展開來。馬鈴薯等塊莖類植物是利用光合作用儲藏養分，需要充足的日照。

抵禦疾病的菜園守護神！

9｜以韭菜做為主角的綠色盆栽

韭菜＋酢醬草

韭菜是多年草本植物，能長期採收，是相當適合與番茄、茄子、青椒等夏季蔬菜一起栽種的共榮作物。利用分株繁殖的方法，當其他盆栽有多餘空間時栽種幾株下去，可以提升土壤品質、降低疾病發生率。不過，要留意好處多多的韭菜非常害怕乾燥的土壤，因此需借重能自然生長的酢醬草留住水分。整體看起來也很可愛。

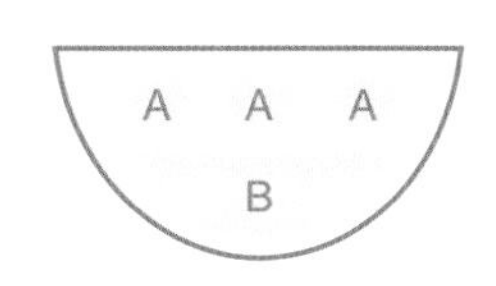

A：韭菜
B：酢醬草

移植 ▬ 收穫 ▬

	1月	2月	3月	4月	5月	6月	7月	8月	9月	10月	11月	12月
韭菜												

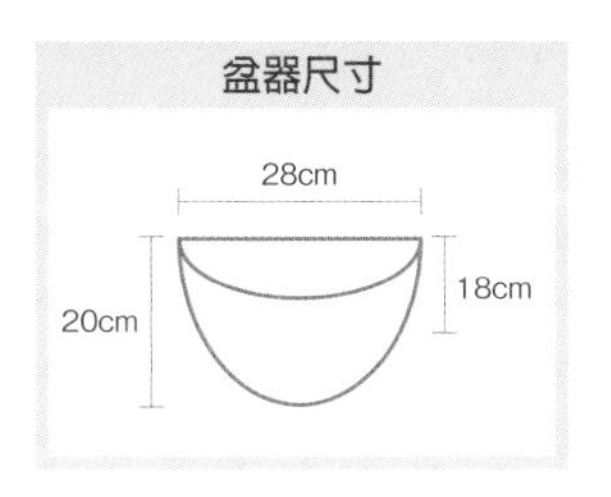

放置場所 ☀ ☀ ☀
栽種容易度 ★ ★ ★

【栽種韭菜時要先修剪根部前端】

移植韭菜苗時，要先剪掉一點根部的前端，以刺激根部促進生長。栽種時，1 株苗留 4～5 枝。待 2 個月後採收時剪下三分之二，底部需留下約 2 公分的長度。冬天進入休眠期，春天起就能採收。

夏天栽種，冬天更好吃！

10 冬至時享用自己種的小南瓜

A	B
C	D

A：小南瓜
B：羅勒
C：球芽甘藍
D：紅葉萵苣

小南瓜＋羅勒＋紅葉萵苣＋球芽甘藍

南瓜採收下來後再放 1 個月左右會比摘下當時更好吃。若想在冬至時分享用，就要在 5 月底播種。雖說是小南瓜，但還是需要約半坪的空間，否則不會結果實，建議立支架或是讓它攀爬在圍牆上。一起栽種下的羅勒也差不多該改種秋季蔬菜。盆栽前方另外還栽種了球芽甘藍和紅葉萵苣。

＊編註：日本人在冬至時有吃南瓜的習俗，象徵開運之意。

播種・移植 ━━ 收穫 ━━

	1月	2月	3月	4月	5月	6月	7月	8月	9月	10月	11月	12月
小南瓜												
羅勒												
紅葉萵苣												
球芽甘藍												

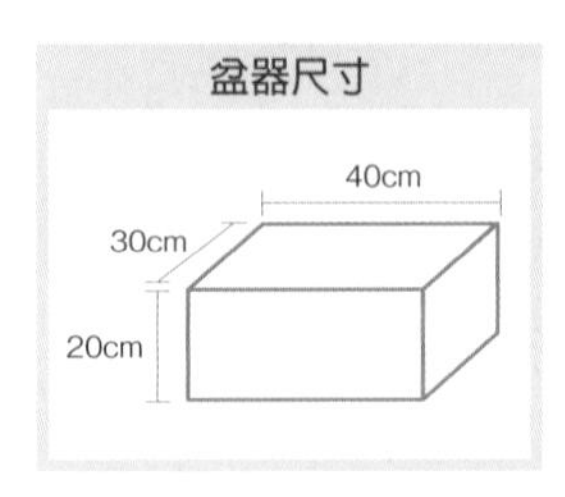

放置場所	☀☀☀
栽種容易度	★☆☆

【人工授粉的南瓜】

結果實的南瓜與葉子茂盛的羅勒是絕佳組合。南瓜若只栽種 1 株不容易結果，最好能栽種 2 株以上，增加授粉機會，而我選用人工授粉的方式。先找出南瓜的雌花（雌花下方會連著一顆膨起來的南瓜寶寶），找到後再將沾滿雄蕊花粉的工具沾在雌蕊的柱頭上就行了。

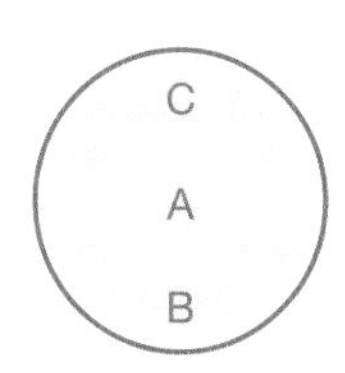

A：青椒
B：小花矮牽牛
C：雪花草（鑽石冰霜）

青椒＋小花矮牽牛＋雪花草

將園藝用的不織布袋子當作盆器，開著小花朵的植物們就像是把青椒團團圍住般。宛如將牽牛花縮小的茄科植物「小花矮牽牛」，與同為茄科、原產於南美的青椒相當匹配，它能引誘昆蟲過來幫助青椒授粉。「雪花草」長得很討喜，花朵與花苞的模樣很像點燃仙女棒。這是在相同環境下長大，適合混植的組合。

清純可愛的小花幫助授粉！

11｜守護青椒免於乾燥的花兒們

移植 ━━ 收穫 ━━

	1月	2月	3月	4月	5月	6月	7月	8月	9月	10月	11月	12月
青椒					移植			收穫	收穫	收穫	收穫	

放置場所	☀ ☀ ☀
栽種容易度	★ ★ ★

【移動不織布袋子到日照佳的地方】

附有手把的不織布袋子，搬動起來比較輕鬆，隨時可移動到日照充足的地方。於 5 月左右一起栽種這 3 種植物。匍匐性的小花矮牽牛垂在前面，青椒種在中間。當青椒開始結果實時，就要趁果實還小採收。

想用的時候隨時都能摘！

12｜經常登場的香草植物

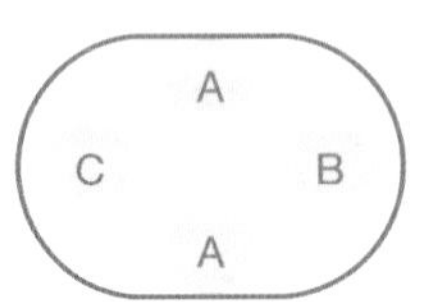

A：鴨兒芹
B：香菜
C：巴西里

鴨兒芹＋香菜＋巴西里

做菜的時候只想加那麼一點點，但每次一買就一大把用不完……。像這樣的蔬菜正好可以在陽台栽種，需要的時候想摘多少就摘多少，真的很方便。鴨兒芹、香菜、巴西里都是屬於長得好也容易種的植物，即使只接收到從樹枝空隙照射下來的日照也沒問題。鴨兒芹和巴西里吸引人的地方是幾乎整年都能採收。新鮮現採更是別有一番風味。

移植 ▬ 收穫 ▬

	1月	2月	3月	4月	5月	6月	7月	8月	9月	10月	11月	12月
鴨兒芹												
香菜												
巴西里												

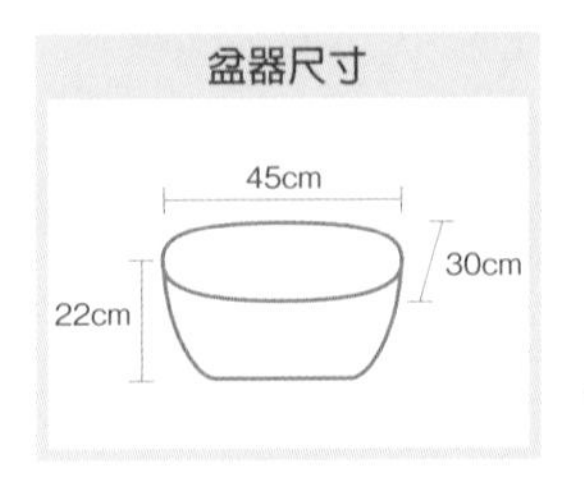

放置場所
栽種容易度 ★★★

【種子和根都美味的香菜】

春秋都可栽種。但是香菜比較不適合以菜苗的方式改種，栽種時請選擇種子播種或是剛剛長出一點苗的菜苗。等長大後，從外側開始只採收需要的用量，而且要在花芽抽苔前採摘。香菜的種子和根都可當作辛香料利用。

葉子形狀的強烈對比也相當具可看性！

13 秋天的葉菜類蔬菜

迷你青江菜＋鴨兒芹

氣候涼爽的秋天該是葉菜類蔬菜上場的時候了。既不需擔心病蟲害、成長速度也和緩，是悠閒種菜的好時光。當迷你青江菜長到約 10 公分左右就要疏苗，將苗移種到空罐中繼續栽培一樣可以長得很好。在這個木製的收納盒中還種了鴨兒芹。即使半日照也能生長的鴨兒芹，擋住了一點迷你青江菜的日照也沒關係，反而有助於使青江菜的葉子更柔嫩。

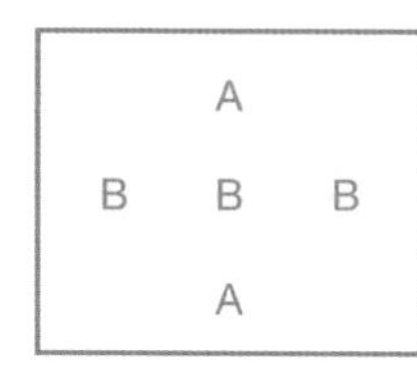

A：迷你青江菜
B：鴨兒芹

移植 ━ 收穫 ━

	1月	2月	3月	4月	5月	6月	7月	8月	9月	10月	11月	12月
迷你青江菜												
鴨兒芹												

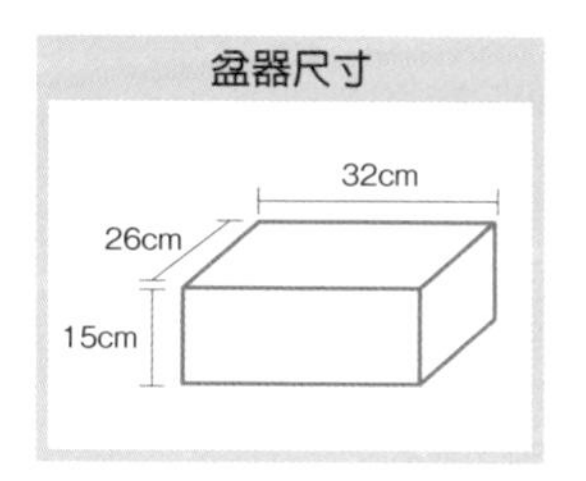

放置場所
栽種容易度 ★ ★ ★

【迷你青江菜的植株與植株之間要留點距離】

迷你青江菜的葉柄比較肥厚，栽種時，植株與植株之間的距離要分開一點。而在兩排迷你青江菜的內側栽種鴨兒芹。青江菜烹調時不要切，整株直接調理比較不會流失維生素，用鋁箔紙包起來蒸烤也很好吃。

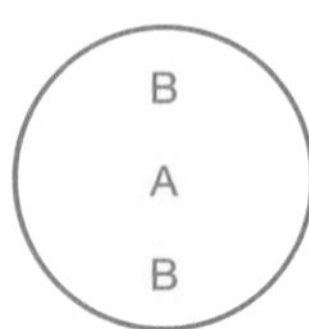

A：紫色辣椒
B：小花矮牽牛

紫色辣椒 & 小花矮牽牛

紫色辣椒和糯米椒同類。於聖誕節前後會完全成熟而轉變成紅色，與綠色葉子相互輝映就像一棵聖誕樹。栽種在如消防栓模樣的復古風盆器中，別有一番風味。加很多紫色辣椒在義大利麵中會讓人嚇到「這麼辣怎麼吃」，可是當吃了一口之後會再次被嚇到，因為它很甜很好吃。從春天到秋天都會開花的小花矮牽牛，也是幫土壤保溫的覆蓋物。

Surprise☆Christmas！

14 在 12 月從紫色變通紅的辣椒樹

移植 ━━ 收穫 ━━

	1月	2月	3月	4月	5月	6月	7月	8月	9月	10月	11月	12月
紫色辣椒					移植	移植		收穫	收穫	收穫	收穫	收穫

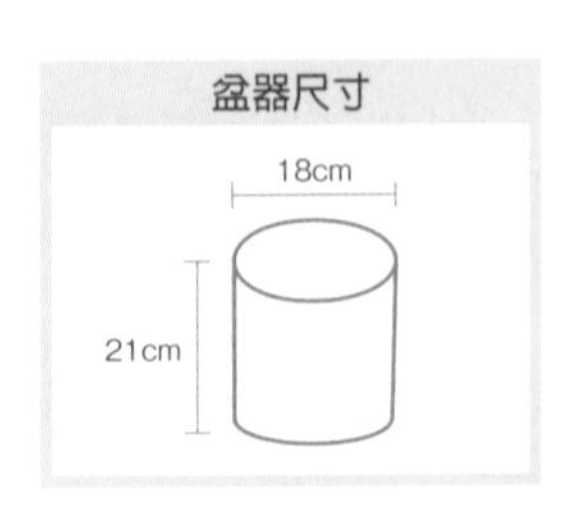

放置場所	☀ ☀ ☀
栽種容易度	★ ★ ★

【不要和其他的辣椒種得太近】

紫色辣椒和小花矮牽牛約在 5 月前後一起栽種。它的果實和糯米椒一樣有著厚厚的肉，有些品種的紫辣椒烹調加熱後會變綠色，紅色的果實烹調加熱後就還是紅色。如果和其他辣椒或糯米椒一起栽種會雜交在一起，有時會種出帶有辣味的果實。此外要注意的是，缺水缺肥料也會讓它變辣。

草木枯萎的冬季時節，仍顯綠意盎然！

15 愈冷愈美味的蔬菜

小松菜＆青蔥

我這次種的是名為「後關晚生」的小松菜品種，是發源於東京江戶川區的日本傳統蔬菜。愈冷愈甜，而且散發著令人舒服的淡淡清香。由於不能保存，所以市場上不太看得到這品種。而它的魅力是抽苔晚，秋天播種，直到晚春都還能採收。盆器中也混植了同樣是愈冷愈甜的青蔥。將從市場買回來的青蔥留下 4～5 公分的根部，直接種在土裡就能生長，有很強的再生能力。

A	B	A	B
A	B	A	B

A：小松菜
B：青蔥

播種・移植 ▬ 收穫 ▬

	1月	2月	3月	4月	5月	6月	7月	8月	9月	10月	11月	12月
小松菜												
青蔥												

【一邊疏苗小松菜一邊採收】

在病蟲害少的秋天種下小松菜的種子，為避免葉子生長得過於擁擠，必須邊疏苗邊採收。並在菜與菜之間栽種青蔥。小松菜的根是深根性且長長地往下生長，青蔥的根則是淺根性且往旁邊生長，將它們種在一起完全沒有衝突。採收小松菜時，只採葉子而留下根，就能延長採收的時間。青蔥也是，留下根只取用上面的部分就還能再長，是 CP 值很高的蔬菜。

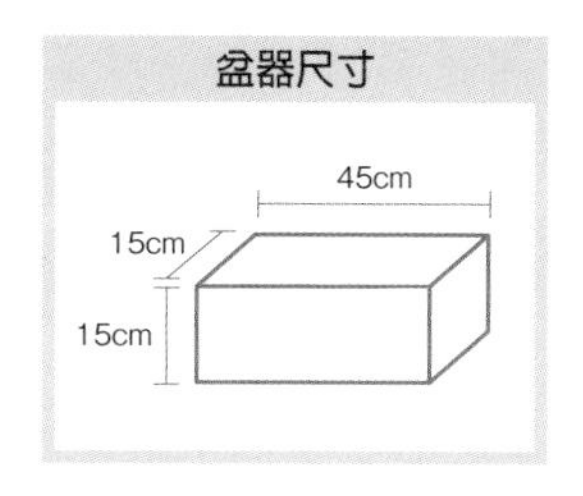

放置場所 ☀☀☀
栽種容易度 ★★★

開始輪流混植

習慣了小盆栽的混植後，開始在大盆器裡栽種各種蔬菜吧！
有效地利用狹窄陽台，不論經過幾年都能享受採收的樂趣。

不需換土就能連作！用大盆器打造「迷你菜園」

連續收穫5年的3種大盆栽

利用能裝很多土壤的大盆器，輪流栽種主要蔬菜，我家的「迷你菜園」已經連續5年整年都有收穫。

我家共有3個大型盆栽，分別是夏天種番茄、秋冬種青花菜的鍍錫盆栽，連作豆科蔬菜的半圓形盆栽，以及栽種葉菜類蔬菜的半日照盆栽。

這3個盆栽就跟菜園一樣會輪種蔬菜，一種蔬菜的栽種期結束後便立刻改種另一種蔬菜。雖然隨季節更迭替換蔬菜，但用的是相同的土壤，也就是「基本土」（請參照第35頁），改種的時候就只添加蚯蚓糞堆肥。改種情形多時，會另外再加入含有益微生物的肥料。

我家的三大「輪流混植」盆栽

介紹我家 3 種做為「迷你菜園」的大型盆栽之主要特徵。

輪流混植 1 *

每年持續栽種的家庭菜園人氣王

「夏天的番茄＆冬天的青花菜」盆栽

在這個能裝入約 70 公升土壤的鍍錫盆器中，我反覆在冬天到春天栽種葉菜類蔬菜、夏天栽種番茄、秋天栽種青花菜。原本以為青花菜是一年生草本植物，種在這盆栽後才發現它是多年生草本。而且這盆器有腳，不必蹲下來站著就能照顧，真的很輕鬆。

輪流混植 2 *

連續 6 年以上都有收穫的美味蠶豆

「豆科蔬菜」吊掛式盆栽

放在日照良好處的半圓形吊掛式盆栽，約能裝 45 公升的土壤。連續 6 年以上採收了無法連作的豆科蔬菜。通常豆科蔬菜比較難栽培，但由於根瘤菌與菌根真菌共生在豆科的根部，不僅豐富了土壤的多樣性，也幾乎不再需要追肥。

輪流混植 3 *

以秋天到春天為主栽種葉菜類蔬菜

「半日照」盆栽

在白色藤籃中鋪放不織布袋子，然後再放在裝有輪子的板子上，就成了「移動式盆栽」。藤籃裡大約能裝 80公升的土壤。直接放置在陽台地板上，主要在日照差、低光照的秋天到春天栽種葉菜類蔬菜。夏天則是在半日照下栽種茗荷。

土壤環境近似於大自然就能持續採收

茄子、青椒等採收期長的果實類蔬菜，須看它的生長情況適時添加肥料，至於其他的蔬菜幾乎不需追肥。

即便是有限的土壤也能年年收穫，我想是因為混植了各種蔬菜，以及藉由蚯蚓糞堆肥提升了土壤環境，使土中的微生物更加地活躍。而採摘起來的蔬菜根部，因為附著菌根真菌等微生物，要再放回土壤中，在土中加入成為微生物介質的「碳化稻殼」也是這個原因。

自從開始利用大型盆器像菜園般輪流栽種季節蔬菜，便深切感受到只要努力打造近似大自然的土壤環境，就不需換土，也能連續好幾年栽種蔬菜。

從下一頁開始將以時間經過的順序來介紹，我家這3個盆栽都輪種了哪些蔬菜。看完後，希望你也能試著先從一個大型盆器開始種種看。

Start!

迷你菜園開始了！

[2012年11月]

秋天播種的蔬菜和蒜頭

正月開始栽種大和真菜（奈良的傳統蔬菜），共播下 4 種葉菜類蔬菜的種子，定植蒜頭。

寒冬的收穫！

[2013年2月]

採收！

蔬苗同時開始採收，在寒冷冬天竟還能持續 3 個月如此茂盛地生長！

家庭菜園的兩大明星
栽種在一個盆器的「迷你菜園」

冬天的青花菜盆栽

將有腳的復古風水槽當作迷你菜園，
用同樣的土壤反覆栽種番茄和青花菜。
跟各位分享 5 年間的輪流混植情況。

[2015年9月]

青花菜樹？

直到最後都教會我栽種樂趣的青花菜。長得像棵樹一樣，沒有花蕾，或許該退休了。

香草的新芽真鮮綠！

[2016年8月]

增添夏天餐桌的光彩

青花菜的下方長著精神飽滿的小番茄。夏天的羅勒、紫蘇也很活躍。

[2016年12月]

重新開始

青花菜栽種期結束。第 5 年的土狀況還很好，種下葉菜類蔬菜種子，迷你菜園重新開張。

[2013年7月]

即將採收的番茄

在蒜頭之後栽種了番茄。共榮作物的羅勒和金蓮花也相當生氣勃勃地長著。

[2014年2月]

巨大青花菜

番茄之後定植了「Aletta 青花菜」，它會愈長愈大，長成一顆巨無霸。同時也開始採收芥菜等葉菜類蔬菜。

*Aletta 青花菜：一種日本特有的品種，近似青花筍。

輪流混植①

夏天的番茄&

[2014年9月]

栽培棉花

在番茄後面靜靜地生長著的是「和棉」。當芙蓉般的花朵凋謝了之後，留下鼓鼓的棉鈴（棉花的果實）。

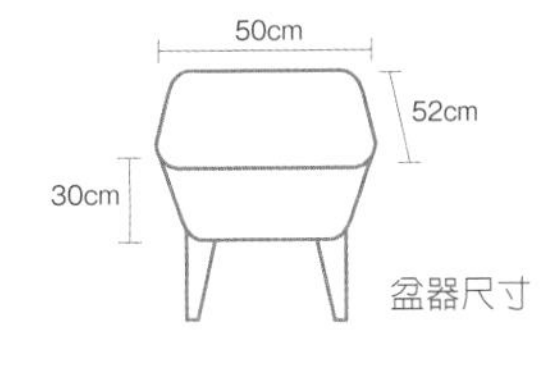

[2015年3月]

連續 3 年採收青花菜

2 月時第三次開滿花蕾的青花菜。除了從旁邊長出的花莖，花朵本身也可以食用。

[2015年7月]

番茄乾發芽了

與發芽的番茄乾共同栽培的小番茄，在自然淘汰下，竟也結出 10 顆果實。

接下來將詳細介紹「夏天的番茄&冬天的青花菜」的栽種流程。

10月

迷你菜園的土壤&播種

照片中的土壤，是用椰纖土再加上蚯蚓糞堆肥和有機基肥等製成（請參照第 35 頁）。以菜園的規劃做區分，正中間栽種一瓣蒜頭，右邊是「紅色水菜」，左邊是「紅火焰萵苣」，後面是「小白菜」，前面是「大和真菜」。

11月

發芽

約 3 週後，陸陸續續長出新芽。由於裝有輪子的盆器能自由移動，可讓所有蔬菜都充分享受到日光。而且盆器有高度，我不需蹲著就能進行管理作業，腰部輕鬆沒負擔。

1個月後

12月

收穫！

迷你菜園的成長狀況相當順利，疏苗同時採摘下來的量，簡直是大豐收。

元旦第一次採收

將剛採收的大和真菜加進我家的白色味噌年糕湯中，享受新鮮蔬菜的美味。「大和真菜」是奈良縣的傳統蔬菜，屬十字花科，小松菜的親戚。

2013年

1月

疏苗＆移植

將長到滿出盆器的葉菜類蔬菜，移植到別的盆器中繼續栽種。移植的苗與留在原盆器的苗，全部一鼓作氣地成長。如果沒有疏苗，苗還沒長大前就先抽芽，美味程度就減半了。

3月

追加韭菜、金蓮花

葉菜類蔬菜採收結束後，先定植做為番茄共榮作物的韭菜和金蓮花。多年生的韭菜是從別的盆栽分株移植過來。番茄和小黃瓜等夏季蔬菜，若能和韭菜根交錯盤結在一起，便能藉由根的殺菌力達到預防疾病的效果。

5月

差不多可以種番茄了

定植意味著「祈求豐收」的番茄苗。番茄開第一朵花的時候就可以栽種。

2個月後

↑落花生

7月

採收番茄

轉成鮮紅色的番茄。種在番茄前面的落花生，因為土裡沒有空間讓它生長而向外發展。

9月

定植「Aletta 青花菜」

購入羽衣甘藍和青花菜的交配種「Aletta 青花菜」苗，在番茄結束後栽種。

10月

不斷成長的青花菜

雖說是幾乎沒有蟲害的秋天，但也託韭菜之福，青花菜才能不斷地長大成為巨無霸。

2月

採收菠菜

雖然離春天還有段距離，秋天播種的菠菜在青花菜下面健康地成長著。天氣愈是寒冷，愈能增加菠菜甜味。

番茄的連作

沒有換土，今年也順利長大的番茄。把青花菜採收之後，它的梗取代了支架，結果番茄到處冒出新芽…。青花菜是多年生草本的蔬菜。

9月

番茄的後面是「和棉」

因為我想在聖誕花圈上裝飾棉花，便嘗試種了「和棉」。5 月中播種，如芙蓉般的花凋謝之後，棉鈴逐漸鼓了起來。

採收棉花

棉鈴裂開，露出柔軟的棉花。拿它們直接裝飾在聖誕花圈上，或是做成乾燥花再裝飾都很美麗。

12月

第 2 年採收「Aletta 青花菜」

原產於土地貧瘠的科西嘉島（Corsica）的青花菜，只要有充足的光合作用，幾乎不需要添加肥料。因此，沒什麼照顧的青花菜到第2年也能採收。對家庭菜園而言，不需照料的蔬菜很重要。

2015年

取青花菜種子

取出青花菜種子，將脫脂棉鋪在器皿裡面培育青花菜芽。我很驚訝青花菜竟有那麼強的生命力。

3月

花團錦簇的青花菜

羽衣甘藍和青花菜的交配種，多年生草本的「Aletta青花菜」，於春天綻放的花朵非常漂亮。花芽、花都美味可口。

←共同栽培的番茄

番茄乾先發芽！

開始結果

6月

共同種植的小番茄果實

從番茄乾中發芽出來的小番茄，也反映了大自然的淘汰機制，已經結出10個果實了。

5月

連續 3 年栽種番茄

1 月的時候直接種下番茄乾，隔月長出幾株小小的芽，完成了共同栽培的苗。與大顆的「日本桃太郎番茄」的苗一起栽種。洋甘菊、香菜、萬壽菊也都顯得很有朝氣活力。

完熟就能採收

7月

即將採收的番茄

栽培相當順利的小番茄和大番茄。下方的果實開始變色，再不久就可以採收。

12月

青花菜和葉菜類蔬菜

每年固定栽種葉菜類蔬菜。聽說青花菜是多年生草本植物，能生長 10 年，不過，收穫愈來愈少了，花也愈開愈早。

2016年

3月

藉由春天的花預防土壤乾燥

外貌像是羽衣甘藍的原生始祖重生般的青花菜，因其下方的葉子都拔掉了，便栽種三色堇等春天的花卉植物，預防土壤乾燥。

8月

連續種了 4 年的番茄

今年一樣生氣勃勃的小番茄、羅勒、紫蘇。連續 4 年沒有換過土，相當順利。

10月

青花菜結束了

於 2013 年 9 月栽種，甚至長成巨無霸的「Aletta 青花菜」也到了尾聲。即使是寒冷的冬天，經由雨滴反射而顯出光澤的葉子，為陽台增添了不少光彩。整株連根拔起時發現根部相當扎實。因為側芽也長出來了，便移植到其他容器。

1個月後

持續收穫到春天，色彩豐富的拼布菜園！

側芽的分身栽種在別的容器

12月

秋季蔬菜的新芽

跟 4 年前一樣模仿迷你菜園，在 11 月種下葉菜類蔬菜的種子。感謝微生物的幫忙，提高了土壤的溫度，1 個月後長出了新芽。

不換土，只添加肥料！

土壤重複使用

因為微生物賣力地工作，就不需換土，只加入少許的養分。

2017年

巨大青花菜之後的番茄也是大豐收！

番茄的定植要在天氣變得相當暖和之後

栽種了夏季蔬菜

5月 春天的拼布菜園改裝成夏季蔬菜

秋冬的蔬菜栽種期結束之後，今年也栽種了番茄，選擇了從種子開始培育的大阪在來種「金柑番茄」和黃色的「Fruit Yellow」番茄。同時也種了「珍珠迷你甜椒」、羅勒。也早一步定植了與番茄搭配得很好的金盞花和金蓮花。

7月 相當豐碩的金柑番茄

「金柑番茄」的碩大果實幾乎都把枝幹給折彎了。也正因為是大阪北攝地區的在來種，才能堅毅不拔的成長。澆水時請注意不要澆在果實上面，果實碰水再晒到太陽，果皮會裂開（裂果）。

10月 採收迷你甜椒

5月栽種的「珍珠迷你甜椒」終於轉換顏色喜迎收穫。從結果到採收這段時間稍長，偶爾要幫它追加肥料。

高麗菜快快長大！

迷你甜椒下方栽種秋季蔬菜！

9月 改種秋季蔬菜

往年，比起 8 月炎熱的夜晚，9 月更能豐收的番茄，今年受到長時間下雨的關係，沒結什麼果，只好提早撤除，改種高麗菜、紫色花椰菜，以及花椰菜的新品種，花莖長又軟的青花筍。

高麗菜長1個月後的模樣

迷你甜椒變色了！

輪流混植②

豆科蔬菜盆栽

盆器尺寸

70cm

30cm

連續 6 年採收！
連作不 NG 的豆科蔬菜

一般來說，豆科蔬菜若以同樣的土壤持續栽種的話，容易產生連作障礙，但我家沒換過土卻連續種了 6 年以上。新鮮現摘的豆類果實格外好吃，請務必試著挑戰看看。

2017年 3月

連續 6 年沒有換土而連續栽種的蠶豆，今年也開了很美的花朵，召喚春天到來。繁縷草、不太需要照顧的香雪球，以及一年生草本的三色堇也都盛開著。

2014年 10月

蠶豆採收之後，直接留下將根照顧得很好，充滿菌根真菌的土壤，接著栽種內藤辣椒和白茄子。

＊譯註：內藤辣椒是江戶時代種在內藤氏家的辣椒，因而得名。

Start!

2009年

「日向土」和「碳化稻殼」

義大利製的吊掛式盆器和回收的毛衣組合成一個盆栽，放在陽台的東南邊。土壤用的是多孔且通氣性佳的「日向土」再加上約 10%的「碳化稻殼」。碳化稻殼具有淨化功能，是微生物的介質。而且土壤不會變成泥狀，所以不需要換土，也因為質地輕，很適合吊掛式盆栽。

2011年

10月

採收迷你花椰菜

春天採收蠶豆之後，播下四季豆的種子。在秋天時栽種與豆科植物相當匹配的「迷你花椰菜」，到 11 月就能採收。種了 2 年的香雪球開滿整個盆栽，也是覆蓋土壤的重要角色。

2012年

在酷寒的冬天也很有活力！

1月

蠶豆健康地成長

迷你花椰菜採收之後，12月初定植蠶豆苗。混植的花卉有香雪球、三色堇、屈曲花和萬壽菊，這些花能預防土壤乾燥。

豆莢朝下時就可以採收了！

4月

即將採收的蠶豆

天氣變暖和了之後，迅速長大的蠶豆。原本朝向天際的豆莢稍微低下頭時，表示不久就可以採收。

5月

連續 2 年採收蠶豆

從 2009 年起連續栽種蠶豆，延續去年的採收期，今年也接近可採收的時間了。

7月

番茄長大了

蠶豆採收之後，定植番茄。感謝豆科蔬菜的存在，補足了蔬菜所需的氮、鉀等必須營養素，番茄才能長得這麼大。

12月

冬天的陽台也點綴得很繽紛

雖然風變冷了，盆栽後方的蠶豆、前面的花椰菜，以及遍布整個盆栽預防土壤乾燥的三色堇、香雪球、龍面花，統統都很有活力地成長。

連續 3 年定植蠶豆

今年也不換土壤，只補充不夠的土以及少許含有有用微生物的肥料，然後栽種了綠色和紅色的蠶豆。

蠶豆的栽種方法

①播種

澆大量的水，把黑色的種臍朝下淺淺地埋入土中，露出一點蠶豆在土的上面。

②完成苗的定植

幼苗長出 2～3 片葉子時，就可以移植到盆器裡。我家是種在直徑 70 公分的半圓形盆器中，種 3 株左右。

③從植株底部分枝

定植後，根穩穩地生長的蠶豆。當莖長高一點時，會從植株底部分枝。這時候要立支架，避免莖繼續生長時倒下來。

④整枝

分枝變多之後，1 株留下 3～4 枝粗的莖（盆器夠大的話，留下 4～5 枝），其他的莖都剪掉。因為會再長出來，需時常修剪。

2014年

寒冬中開花

2月

蠶豆開花

挺過下大雪的嚴寒 2 月，蠶豆開了朝向天空的花朵。紫紅色的花朵為植物枯萎的冬日陽台增添了些許的光彩。

挺過大雪，連續 3 年採收

挺過有紀錄以來的大雪日子，4 月終於完全暖和，朝向天際的蠶豆莢也向下垂，在黃金週的時候順利採收。

5月

採收蠶豆！

10月 造成話題的内藤辣椒！

辣椒和白茄子

在蠶豆之後栽種的是江戶東京野菜的「內藤辣椒」和「白茄子」。於盆栽前面密密麻麻生長的是姬岩垂草和紫葉的頭花蓼。內藤辣椒是江戶時代種在內藤家菜園（現今的新宿御苑）的蔬菜，現已被認定為江戶東京野菜。

⑥採收

播種之後半年，豆莢下垂時就可以採收。打開豆莢，白色軟綿綿茸毛上面有 3 顆像是豆寶寶以肚臍（豆與豆莢連結的胚根）與豆莢連結的蠶豆。整個豆莢放在烤箱裡烤過後，舔一口白色茸毛，有意料之外的美味！或是用湯匙取出蠶豆，做成義大利麵的醬。蠶豆披薩和紅色蠶豆飯，也都渲染成漂亮的粉紅色。

4月

⑤摘芯

因為蠶豆的葉子軟嫩，頂部又容易長蚜蟲，豆莢鼓起來之後就要把頂部摘除。

2015年

1月

將芬香萬壽菊混入土壤中

多年生草本的芬香萬壽菊，有著令人喜愛的黃色花朵和花香。由於會分泌蛞蝓和線蟲都討厭的分泌物，所以花謝後將它混入土中做為綠肥使用。

5月

採收蠶豆＆定植毛豆

連續 4 年栽培並採收的蠶豆。在這之後只留下蠶豆的枝幹，另外栽種了毛豆苗。同樣都是豆科植物，土壤環境一模一樣，栽種起來應該很容易，到底能不能結果實呢……

採收下來立刻汆燙！

8月

採收毛豆

半實驗性質栽種的毛豆，如期順利採收。採收下來的毛豆立刻汆燙，格外鮮甜好吃，這是家庭菜園才有的滋味。

戰勝連日降雨

9月

活力滿滿的埃及國王菜

毛豆採收後栽種了埃及國王菜。雖然 8 月中旬以後連日降雨且日照不足，但就如各位看到的，還是相當有活力。

12月

花椰菜和蠶豆

今年 10 月定植了栽培期比青花菜短的白花椰菜，11 月上旬栽種了蠶豆苗。蠶豆已連續 5 年栽種了。白花椰菜、青花菜跟蠶豆都是配合得相當好的組合。

2016年

收穫有點少……

7月

採收矮性四季豆

蠶豆之後栽種了矮性四季豆，開花後約 15 天就可採收。因為種得有點擠，豆莢幾乎都長在第一節。前面的小花是重瓣牽牛花。

2017年

連葉子都散發出香味的蠶豆！

1月

定植 2 個月後的蠶豆

依照往年在 11 月播種的 3 株蠶豆，在寒冷之中緩慢地生長。1 株只留下 4 枝粗莖，陸陸續續長出來的莖都剪掉。為預防土壤乾燥及維持土溫，在蠶豆下方栽種白色和紫色的三色堇、白色小花的香雪球、紫色的馬櫻丹。

4月

果實朝向天空生長的蠶豆

沒有追肥一樣迅速地成長

天氣一暖和就迅速長大的蠶豆，即使沒有追肥一樣長得頭好壯壯。這期間比較容易長蚜蟲，出現枯萎的葉子和花柄就要馬上摘除。

5月

引頸企盼的飽滿蠶豆！

連續 6 年採收的蠶豆！

又大又飽滿的豆莢下垂時，就是通知你可以採收了。即使沒有換土也能連續 6 年收穫，真是令人開心。去年 10 月栽種的三色堇也是花團錦簇。

5月底

蠶豆之後種下黑芝麻籽

今年夏天栽種黑芝麻

拔起栽種期結束的蠶豆，種下黑芝麻籽。在要播種的地方添加蚯蚓糞堆肥，輕輕地翻土之後再播種，種子要有條理地呈線形撒下，再覆蓋上一層薄薄的土。因它出生於埃及，非常喜愛強光與酷熱，在差不多要長出本葉之前絕對要避免缺水。

7月

沒長大的黑芝麻……健康的秋葵

黑芝麻，對不起！

很期待的黑芝麻，最後還是因為水分不足，幾乎沒有冒芽。跟黑芝麻同時栽種的非洲秋葵就很健康地成長中。

2013年
12月

羅馬花椰菜 & 菊苣 & 紫色芥菜

在迷你甜椒採收之後，栽種的羅馬花椰菜長得好大。後面是罕見的「Puntarelle」，屬於菊苣的一種，把白色的新芽配上鯷魚醬，真是人間極品。它是羅馬的冬季蔬菜，12 月到 2 月下旬是採收期。

2013年
9月

迷你甜椒 & 紫色芥菜

可愛百褶形狀的迷你甜椒，就算日照差也能有收穫。可以生吃，裡面塞起司一起烤則更美味。而芥菜耐寒，能從秋天栽培到冬天，紫色葉子讓蟲蟲都不敢靠近。

輪流混植③ 

半日照盆栽

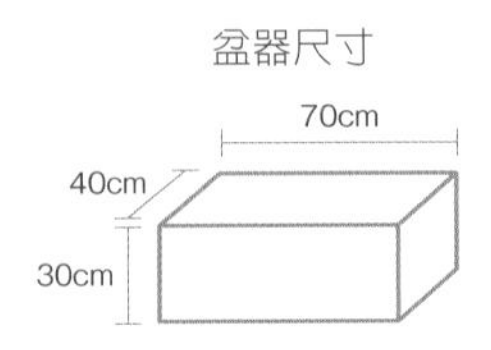

幾乎不需照顧！
冬天到春天穩穩地生長著

介紹在日照不太好的陽台也能混植的蔬菜。
還有挑戰獨特品種的過程。

2014年

2月

羅馬花椰菜＆高麗菜＆紫色芥菜

有著幾何螺旋圖案的美麗羅馬花椰菜，花蕾長得很大，下個月應該就可以採收了。它跟白花椰菜一樣不會有側芽，所以一次採收之後就結束了。菊苣採收之後改種高麗菜。紫色芥菜要從外側的葉子開始採摘食用。

2015年

3月

高麗菜＆小白菜

這兩種都是容易長蟲的十字花科蔬菜，這樣的組合須在沒有害蟲的秋冬才能栽種。小白菜的葉子翠綠，菜心卻是白色的。跟白菜葉一樣沒有味道。

7月

栽種安納芋

因為盆器很大，就栽種了安納芋（日本鹿兒島產番薯）。在日照差的夏天，只要將盆栽移動到能照到一點陽光的地方就行。這次只單種一種，土壤上面鋪稻稈以發揮有益菌的效用。剪下的安納芋莖又甜又好吃，採收下來立刻燉煮。

半日照也能生長的蔬菜＆香草

鴨兒芹	紫蘇
西洋菜	巴西里
芹菜	牛皮菜
茗荷	紫高麗菜
蜂斗菜	茴香
細香蔥	蝦夷蔥
萵苣	香菜
芥菜	薄荷
薑	檸檬香蜂草

10月

薑＆皇宮菜

都是原產於亞熱帶的混植組合。半日照也能收穫的薑，以及在夏秋之間從芽插開始就能簡單栽種的皇宮菜。薑葉可以當作筷架，還有筆薑（細長的嫩薑芽）、新薑（新鮮帶嫩芽的薑）、種薑（留作播種的老薑）的區分，相當有意思。

皇宮菜的果實

葉子、花、果實都可食用的皇宮菜，不過因為它的口感很特殊，喜歡跟討厭的人涇渭分明。

薑

整株挖起來，採收新薑與種薑。新薑的辛辣味比較溫和。

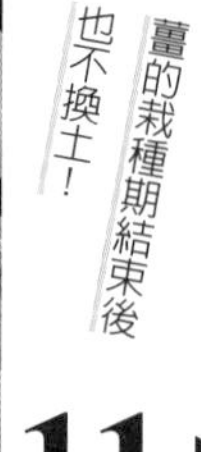

11月

油菜＆高麗菜

薑和皇宮菜採收結束後，不換土，直接加入一些蚯蚓糞堆肥與含有有益微生物的肥料，播下油菜籽、種下高麗菜苗。它們都屬於十字花科，秋天時栽種不需擔心有蟲害的問題。

12月

多彩的葉菜類蔬菜

冬天的陽台依舊熱鬧。育苗之後栽種的羽衣甘藍，因為它的葉緣呈現波狀，蟲子不易靠近。茼苣也是先播種在育苗盆後再移植到盆栽土壤裡。採收油菜的生長點後，會再長出側芽。黃色小花也可食用。

3月

抽苔讓肥料全部用盡，
春天的採收結束！

葉菜類蔬菜採收結束

油菜花連花朵一起採收，羽衣甘藍因為葉子變硬了於是撤走。讓它們抽苔，好讓肥料全部用盡，這對土壤環境來說會比較好。高麗菜葉子長得好像一朵花，很美。

定植九條蔥

把油菜和羽衣甘藍拔起來，不換土只加些蚯蚓糞堆肥，輕輕地攪拌後直接栽種九條蔥苗。

8月

成長中的薑 & 皇宮菜

4 月採收蒜頭，5 月提早採收了九條蔥，栽種新的種薑。剛好這時候，去年秋天採收皇宮菜遺落的種子發出新芽，和薑一起在夏天健康成長著。

9月

定植秋冬蔬菜的羅馬花椰菜

長得相當高大的薑，以及幾乎變成綠色窗簾的皇宮菜彼此盤結，便幫它們立上竹架。然後栽種 1 株羅馬花椰菜。

10月

接近薑 & 皇宮菜的最後採收

夏天採收葉薑，下個月預定採收根薑。皇宮菜葉子的採摘，也差不多接近尾聲。羅馬花椰菜則是向著陽光長大了。

Short story 3

時機很重要

只有輕鬆來去自如的陽台菜園才做得到

南瓜和櫛瓜的特質，是一株上會同時開雄花和雌花。它們是清晨開花過午就凋謝的一日花，因此必須趁早進行人工授粉，結果機率才會高。每次去陽台晒衣服的時候就看一眼，等看到雄花和雌花同時開花的時候，就是幸運的時刻！人工授粉不難，重要的是時機。也因為是在來去自如的陽台菜園才能立刻進行。而每每看到花朵結成果實的樣子，就更令人愛不釋手。

豌豆的花在成為果實之前也是一樣，怎麼看都看不膩，很漂亮。小小的豆莢上還有依依不捨的雄蕊和雌蕊，透過光線，裡面的豆仁清晰可見。豌豆照片（左下圖）裡的光線柔和，是因為拍攝當天是個多雲明亮的早上。在晴朗且陽光直射的日子，陰陽的對比要比肉眼看到的還要強烈。挑選光線溫和的日子也是要看時機的，我偶爾也會直接穿著睡衣去陽台捕捉畫面。

上／迷你南瓜的人工授粉。將雄花的花粉輕輕地塗抹在雌花的柱頭上。花朵下部有著鼓鼓子房的就是雌花。

下／綠色窗簾上的紅花豌豆。仔細看會發現雄蕊在花萼之間，雌蕊神秘地留在豆莢的前端。

Part 3

非常推薦混植的組合！

適合在陽台種植的蔬菜與香草

此單元以春夏、秋冬區分，
介紹 40種蔬菜和香草的栽培重點，
也能同時了解適合混植的組合。

※此單元中提及種苗公司的名稱時，將以下述代稱之。
Sakata（サカタのタネ）／TAKII（タキイ種苗）／Tsuru新（つる新種苗）／
Tokita（トキタ種苗）／日光（日光種苗）／野口（野口のタネ・野口種苗研究所）
※如想進一步了解，可至各種苗公司的官網確認。

春　夏

因為栽種在陽台才能持續採收到冬天

番茄

茄科／南美安地斯山區／一年生草本

9月中下旬比盛夏更豐收

從大到小等各種大小的番茄中，我認為最容易栽種又美味的就屬小番茄了，接著是中型的番茄。雖然連續數天的熱帶夜（在日本指最低氣溫高於25度的夜晚）使得收穫量減少，但到了9月中下旬再次結果實，甜度也提升了。必須邊摘側芽邊栽種，不過等番茄的莖長得粗壯的時候，就不要摘掉側芽讓它生長，以增加枝數。

POINT

在陽台也能栽種
長得好且易結果的品種

落花少，容易結成一串果實的品種是「千果」（TAKII）、「愛子」（Sakata）。大顆番茄比較適合中高級栽種者，不過名為「豐作祈願」的品種（Tokita）就長得很密實。

快要可以吃的小番茄，很適合種在陽台。

	1月	2月	3月	4月	5月	6月	7月	8月	9月	10月	11月	12月
種植												
收穫												

混植搭配建議

羅勒

吸收來自番茄多餘的養分，調整土壤中的均衡，預防病蟲害。

紫蘇

與羅勒同屬唇形科，可預防病蟲害、有助生長。唇形科的百里香也有同功效。

金盞花

開著很有夏天氛圍、像是幫你加油打氣的黃色花朵。可以保護番茄讓害蟲不敢接近。

小茄子也能用盆器栽種得很好

茄子

茄科／印度／一年生草本

容易栽種又健康的「千兩二號」

水分和肥料絕不可少

「茄子是用水栽培的」「超愛吃肥料」，從這兩句話可以看出水分和肥料是絕對必要的，因此，建議土壤也要有相當的保水力與保肥力（1株苗對15公升以上的土）。「千兩二號」（TAKII）是對環境的適應力相當好、也不容易生病的品種。雖然日本各地都有傳統的蔬菜品種，但環境不同可能就長得不好。而結大果實的就不適合栽種在盆器裡。

混植搭配建議

多年生草本的**韭菜**、以及很適合和茄子一起料理的**紫蘇**、**百里香**、**紅葉幸運草**等。

	1月	2月	3月	4月	5月	6月	7月	8月	9月	10月	11月	12月
種植				━	━							
收穫							━	━	━	━	━	

種子很硬，先泡水一個晚上再播種

秋葵

錦葵科／非洲／一年生草本

耐高溫，很適合陽台

原產於非洲的秋葵很喜歡高溫氣候，非常適合夏天的陽台。直根性的根若在生長期間受到傷害就會停止生長，因此，直接播種在盆器裡會更令人安心。因種子很硬，要先泡水一個晚上再播種，若是買苗，就買本葉4葉以下的幼苗，栽種的時候拿掉育苗盆直接種。可以挑選「島秋葵」（野口）等品種，稜角圓滑一點的口感比較軟嫩。

果實軟嫩的「島秋葵」

混植搭配建議

可種唇形科的**香草**、**百里香**、**奧勒岡**、**墨角蘭**等，預防蟲害。或是**地瓜**也很搭。

	1月	2月	3月	4月	5月	6月	7月	8月	9月	10月	11月	12月
種植					━							
收穫							━	━	━			

採收的小果實也可以做醋漬料理

小黃瓜

葫蘆科／喜馬拉雅山脈南部／一年生草本

成為綠色窗簾的「椎葉村小黃瓜」（自然農法國際研究開發中心）

依據結果實的方式分類

小黃瓜的果實會從雌花的位置長出來，依照品種不同，雌花著生處可分為3種類型。一種大多開在主蔓的節間上，適合立架栽種。另一種以側蔓為主，適合大面積的網狀栽種。最後一種則是雄花和雌花同時生長，適合網狀栽種。

POINT
栽培方法必須適合該品種
購入時須先確認是哪種類型

	1月	2月	3月	4月	5月	6月	7月	8月	9月	10月	11月	12月
種植				━	━							
收穫						━	━	━				

混植搭配建議

青蔥

附著在青蔥根部的拮抗菌能預防病蟲害。但很怕熱這點要多留意。

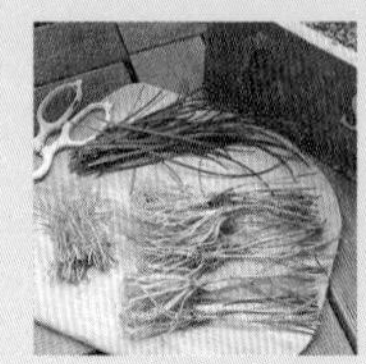

韭菜

與青蔥同類的韭菜也有同樣的效果。它會跟小黃瓜的根盤根錯節地生長。

金蓮花

金蓮花讓蚜蟲和粉蝨等害蟲都不敢靠近，與小黃瓜互助成長。也有驅離螞蟻的效果。

不需要照顧的陽台模範生

四季豆

豆科 / 中南美 / 一年生草本

不需要花心力照顧

只要日照佳就能生長得很好，且不需要照顧的家庭菜園模範生。有爬藤性和非爬藤性兩種，非爬藤性的四季豆能密集地栽種，開花後一起結果實。爬藤性的需要立支架或張網，約可持續採收2個月。3片一組生長的葉子感覺也很清新，最適合夏天的綠色窗簾。

綠色、黃色、紫色的「綜合爬藤四季豆」

	1月	2月	3月	4月	5月	6月	7月	8月	9月	10月	11月	12月
播種												
收穫												

很耐乾燥，適合種成綠色窗簾

長豇豆

豆科 / 非洲 / 一年生草本

嫩豆莢和熟成的豆子都很美味

比四季豆更耐熱抗乾燥，盛夏也能結果，推薦栽種成綠色窗簾。它的特徵是細長的豆莢。可以把嫩豆莢燉煮或拌芝麻，成熟的豆子燙一燙就能做成沙拉。愛知縣的傳統蔬菜「十六長豇豆」，長約40公分的豆莢裡會有約16顆豆仁。建議選擇適合種植地環境的品種，比較容易結果。

混植搭配建議

小番茄可促進彼此的發育。**牽牛花**、**小花矮牽牛**、**細葉雪茄花**等也不錯。

尾張地區的傳統蔬菜「十六長豇豆」

	1月	2月	3月	4月	5月	6月	7月	8月	9月	10月	11月	12月
播種												
收穫												

直到晚秋都能採收

青椒・甜椒

茄科／南美／一年生草本

迷你珍珠甜椒長出
可愛的鐘型果實

靜靜地期待生長過程

從5月栽種到8月開始採收，大約經過4個月。雖然結果實的時間長了一點，但能持續採收到晚秋。植莖的高度低，而且可以讓人靜靜期待生長過程，這點很適合陽台菜園。青椒比較沒有緊實的果肉，澆水施肥也很輕鬆。容易採籽、發芽率也高，非初學者可以挑戰看看從播種開始栽種。

POINT

甜椒適合已熟習陽台菜園的人

最近幾年我固定栽種迷你的珍珠甜椒。因為一般的甜椒肉厚，要1個月以上的時間才會轉變顏色，對植株的負擔也大，不適合用盆器栽培。

	1月	2月	3月	4月	5月	6月	7月	8月	9月	10月	11月	12月
播種・移植												
收穫												

混植搭配建議

紫蘇

幫助青椒發育。與同為茄科的番茄和茄子也很搭。

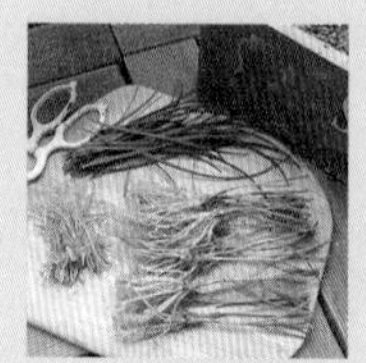

韭菜

能保持土壤乾淨、也很耐熱，是夏天蔬菜的好夥伴。採收期也長。

百里香

可以預防粉蝨等害蟲，而會吸引蜜蜂和蝴蝶等有助於授粉的昆蟲。

與黑芝麻、白芝麻栽種方式相同的「金芝麻」（野口）

在自己家裡也能採到珍貴的芝麻

芝麻

胡麻科／非洲／一年生草本

即使是在盛夏的陽台也很有活力

喜歡強烈的日照，即使是在陽台也能健康地生長。開完喇叭狀的花朵後形成果莢，烘乾後打開果莢，約有80粒芝麻整齊地排列在裡面，看了好感動。採收後的挑選工作雖然很費工，但香氣濃郁的芝麻在自己家就能種出來，真的很開心。再用採收的種子進行發芽栽培，疏苗的葉子則做成青汁。

混植搭配建議

容易生長的**地瓜**可以和芝麻一起做成料理。也可選擇**牽牛花**、**小花矮牽牛**等。

	1月	2月	3月	4月	5月	6月	7月	8月	9月	10月	11月	12月
播種					■	■						
收穫										■		

茄科蔬菜中最容易種植的

獅子唐辛子

茄科／中南美／一年生草本

因壓力而變辣

近似糯米椒的獅子唐辛子是很好栽種的茄科蔬菜。不過，要是長期缺水和肥料是會變辣的。如果將它種在辣椒旁邊，會因為雜交而結辛辣的果實，這點要留意。完全成熟的紅色果實也很美味。也可以嘗試種糯米椒等不辣的品種，除此之外，顏色特殊的紫色辣椒也很值得一試。

混植搭配建議

同為茄科的**青椒**、**紫蘇**、**羅勒**、**百里香**、**韭菜**、**小花矮牽牛**等。

成熟之後轉變成亮麗紅色的紫辣椒

	1月	2月	3月	4月	5月	6月	7月	8月	9月	10月	11月	12月
種植					■	■						
收穫								■	■	■	■	■

即使長太大也能陸續採收

苦瓜

葫蘆科／東印度、亞熱帶／一年生草本

健康而且超級有活力

苦瓜是夏天綠色窗簾的固定班底。在葫蘆科蔬菜中，它的莖是最硬的，堅固的程度就算遇上颱風也不太會損傷。通常以盆器栽培的蔬菜要是長得比市售的果實還要大，莖幹會太脆弱，但這點不會發生在苦瓜身上。仍舊陸陸續續結果，是一款活力極佳的蔬菜。

長到 35 公分長的「薩摩大長苦瓜」

POINT

適合做成綠色窗簾的品種

「薩摩大長苦瓜」（野口）是超過 35 公分長的苦瓜。長得像刺蝟的可愛「島苦瓜」（TAKII）其葉子也很碩大，適合做成綠色窗簾。

	1月	2月	3月	4月	5月	6月	7月	8月	9月	10月	11月	12月
播種・移植				■	■							
					■	■						
收穫							■	■	■			

混植搭配建議

爬藤性四季豆

豆科和葫蘆科的搭配相當完美。豆科蔬菜的根瘤菌能使土質變好。

小花矮牽牛

花朵很像牽牛花，春天到秋天開花，花期很長。蓋在土壤上可預防乾燥。

金蓮花

茂盛地覆蓋在土壤上，具有讓蚜蟲、粉蝨不敢靠近的效果。花朵和葉子可做成沙拉。

採收的新薑

半日照也能長得頭好壯壯

薑

薑科／亞熱帶／多年生草本

混植搭配建議

喜歡半日照的**鴨兒芹**，以及在盛夏時分，卷鬚也能旺盛地伸展並遮擋太陽的**皇宮菜**等。

一次享有三種樂趣

半日照也能栽種的辛香蔬菜。夏天採收葉薑、晚秋採收根薑、老的種薑也能當料理的辛香料使用，種一次就可以享受到三次樂趣。根部所含的藥效成分也能使土壤蓬鬆。種薑以大小來分有大、中、小三種，先放到發芽了再栽種。辛辣的強度則和大小成反比，愈小愈辛辣。

	1月	2月	3月	4月	5月	6月	7月	8月	9月	10月	11月	12月
種植				■	■							
收穫								■		■	■	

幾乎不用照顧且能每年採收

茗荷

薑科／東南亞／多年生草本

連續採收4～5年都沒問題

在半日照且潮濕的場所長得比較好，幾乎不需要怎麼照顧，每年也都有花蕾（食用部分），是很方便的蔬菜。有柔柔的清香及辛辣味，沒有病蟲害的問題，種放任栽種4～5年都沒關係，種在大盆器裡，輕鬆又愉快。有「早生茗荷」和「秋茗荷」兩種，推薦能在夏天達採收高峰的早生種（生長期較短）。

在日本料理中不可少的提味蔬菜，早生茗荷的花蕾。

混植搭配建議

能栽種在陽台稍微陰暗的地方，可當作辛香料或用來煮湯的**芹菜**、**鴨兒芹**。

	1月	2月	3月	4月	5月	6月	7月	8月	9月	10月	11月	12月
種植			■									
收穫							■	■	■	■		

悶熱的盛夏也能長得很好的空心菜

迷人的盛夏蔬菜

空心菜

旋花科／東南亞／多年生草本

簡簡單單就能再生

在盛夏蔬菜中，空心菜是沒有特殊味道而且在東南亞和中國都擁有高人氣的蔬菜。因為莖是中空的而得其名，有些種子的包裝袋上會寫著學名「蕹菜」。將從市場買回來的空心菜切掉前面10公分，留下根的部分直接泡到水裡讓它發芽，發芽後就可以栽種到土壤裡了。它原本就是近水邊生長的植物，要預防乾燥。

混植搭配建議

同樣是原屬於水邊植物的**西洋菜**、抵擋害蟲吸引益蟲的**香菜**等。

	1月	2月	3月	4月	5月	6月	7月	8月	9月	10月	11月	12月
播種					■	■	■					
收穫							■	■	■	■		

有 1 株就能開心一整個夏季

紫蘇

唇形科／中國南部／一年生草本

新芽到花穗都能活用

紫蘇只要長1株就足夠使用。播種後長出的新芽「紫蘇芽」香味最棒。「紫蘇葉」、摘取花穗的「紫蘇穗」都可做為生魚片的配料（用以提味的附加食物），開花後的果實「蘇子」也能醃漬食用。配合成長過程，全株都能活用。可分青紫蘇和紅紫蘇，這兩種也都有「皺葉種」。皺葉是指葉緣呈皺摺狀，口感柔順。

香氣濃郁的紫蘇葉

混植搭配建議

紫蘇容易招來蚜蟲和蝗蟲，要和**番茄**、**茄子**、**青椒**一起種。

	1月	2月	3月	4月	5月	6月	7月	8月	9月	10月	11月	12月
播種				■	■	■						
收穫					■	■	■	■	■	■	■	

盛夏也長得很茂盛，能陸陸續續採收嫩葉。

側芽循環生長，採收長達 4 個月

埃及國王菜

椴樹科／印度西部、非洲／一年生草本

混植搭配建議

覆蓋土壤的**細葉雪茄花、姬岩垂草、牽牛花**等，可預防乾燥。

盛夏也長得相當茂盛

國王菜在古埃及時代主要從北非開始栽培，近年來因為健康價值受到肯定而逐漸普及。即便是盛夏也能茂盛地成長，發芽的適當溫度在25～30度的高溫，所以絕不可以過早播種。每次採收後就會再長出側芽，約有4個月的收穫。花朵、果莢、變硬的莖、種子都有毒，要留意。

	1月	2月	3月	4月	5月	6月	7月	8月	9月	10月	11月	12月
播種						━						
收穫							━	━	━	━		

具有抑制土壤中病原菌的效果

韭菜

石蒜科／東南亞／多年生草本

夏季蔬菜的絕佳夥伴

一旦種植，就可以持續收穫很多年。在根部共存的微生物，具有抑制土壤中病原細菌的作用。如果任由葉子生長，根就會變弱，因此需要定期收割。到了冬天葉子會枯萎，以度過寒冷的季節。若是從種子開始栽種，到收穫大約需要2年時間，因此推薦從幼苗開始種植的「大葉韭菜」。

混植搭配建議

小黃瓜、番茄、青椒等，以預防夏季蔬菜的疾病。越冬之前改種也沒問題。

推薦葉片寬的「大葉韭菜」

	1月	2月	3月	4月	5月	6月	7月	8月	9月	10月	11月	12月
種植						━	━					
收穫				━	━	━	━	━	━	━	━	

與綠葉形成漂亮對比的「紫葉羅勒」

親手採籽，反覆栽培

羅勒

唇形科／亞熱帶／一年生草本

混植搭配建議

有助生長、遠離病蟲害的**番茄**、**茄子**、**櫻桃蘿蔔**等。

陽台的人氣香草

葉片軟嫩、適合料理用的是「甜羅勒」。單獨栽種的話容易引來蚜蟲，建議和番茄一起種可阻擋白粉蝶靠近。紫色的「紫葉羅勒」也有驅蟲效果。在印度和泰國時常被當作香料和藥草使用的「荷力羅勒」，對人或植物都有調養的效果。自己親手採種子的發芽率也高。

	1月	2月	3月	4月	5月	6月	7月	8月	9月	10月	11月	12月
播種・移植												
收穫												

如果是要混植，推薦匍匐型

百里香

唇形科／歐洲／常綠小灌木

吸引幫助授粉的蜜蜂

品種豐富，可分為匍匐型和直立型。匍匐型的「紅花百里香（鋪地香）」就像覆蓋一層在土壤上面，並向下垂於盆栽外。春夏兩季會盛開粉紅色的花朵，吸引幫助蔬菜授粉的蜜蜂。直立型的「麝香草」葉緣有白斑，冬天時葉子轉成紫紅色，是很賞心悅目的品種。

取代覆蓋物的「紅花百里香」

混植搭配建議

草莓、**秋葵**、**花椰菜**、**辣椒**等。百里香能幫助授粉也能覆蓋土壤。

	1月	2月	3月	4月	5月	6月	7月	8月	9月	10月	11月	12月
種植												
收穫												

從花朵到根，全部都能食用

金蓮花

毛茛科／南美／一年生草本

有助於預防疾病

花朵、葉子、種子、根都與西洋菜相似具有辛辣成分，全植株都能食用。可以讓土壤中的微生物產生多樣性，而能預防疾病。雖然黃色花朵會招來蚜蟲，但辛辣成分會把牠們嚇跑。由於不耐熱，當長得沒有活力時，就切除只留下根，到了秋天會再開花。花朵顏色數量相當豐富，有八重開（花瓣超過五枚以上）、一重開（花瓣不超過五枚）。

混植搭配建議

可抵擋集中在**番茄**、**小黃瓜**、**青花菜**等的蚜蟲和粉蝨。

有半直立型和匍匐型，選擇喜歡的花朵顏色和形狀。

	1月	2月	3月	4月	5月	6月	7月	8月	9月	10月	11月	12月
種植			━	━	━							
收穫				━	━	━			━	━		

獨自栽種，放置於蔬菜附近

迷迭香

唇形科／地中海沿岸／常綠灌木

不混植也能驅蟲

耐寒暑、生命力旺盛的香草。但因為根部相當脆弱，不適合改種，會一次全都枯萎。若和蔬菜混植，也會因為生存力強，排擠到其他蔬菜而使之凋萎，因此不能混植，將迷迭香盆栽放在蔬菜旁邊就能達到驅逐粉蝨和夜蛾的效果。

混植 NG！

不適合混植，和**薄荷**、**尤加利**、**檸檬香茅**、**玫瑰天竺葵**同樣具有驅蟲效果。

豪放姿態也很有魅力的迷迭香

	1月	2月	3月	4月	5月	6月	7月	8月	9月	10月	11月	12月
種植				━	━				━	━		
收穫	━	━	━	━	━	━	━	━	━	━	━	━

留下莖，第二年過後都能採收

青花菜

十字花科／地中海沿岸／多年生草本

秋　冬

來自義大利的珍貴
「紫色青花菜」

能長期採收，經濟又實惠

採收中心頂部的花蕾後，可陸續培育小花蕾（側芽）。但請注意，若不趕在變冷前栽種，花蕾就長不大。我家的青花菜已經栽種了4年，仍經常長出花芽、生命力旺盛。具有高抗氧化功用，對土壤應該也有影響。

POINT

在陽台容易栽種的品種

可以選擇側芽較多、適合家庭栽種的品種，或是頂部花蕾分作小花蕾採收的青花筍。因為莖的高度高，所以要在深盆中種植。

	1月	2月	3月	4月	5月	6月	7月	8月	9月	10月	11月	12月
種植									━			
收穫	━	━										━

混植搭配建議

非結球萵苣

菊科的非結球萵苣能阻擋喜歡青花菜的白粉蝶和菜蛾。

茼蒿

跟萵苣一樣有著菊科植物獨特的味道和香氣，能預防蟲害。可和青花菜同時期栽種。

奧勒岡

葉子、莖、根部都有辛辣味，是具有殺菌效果的香草。耐酷寒，可同時期栽種。

紫色的大頭菜

外型圓圓胖胖，屬於甘藍的一種

大頭菜

十字花科／地中海北岸／一年生草本

混植搭配建議

奧勒岡、百里香等能驅逐蚜蟲和菜蛾。推薦攀緣性質的**香草**。

移植也沒問題的根

別稱球莖甘藍，食用部位即圓圓胖胖的莖。若要從種子開始培育，因為球莖的生長會不均勻，請先在育苗盆育苗之後再挑選定植。看看複葉下方的胚軸，若是呈橢圓狀或是沒有鼓起的球莖就要疏苗，只留下圓圓鼓鼓的球莖。直徑長到7公分左右就可採收，若採收遲了，纖維會變硬。

	1月	2月	3月	4月	5月	6月	7月	8月	9月	10月	11月	12月
播種								■	■	■	■	
收穫	■									■	■	■

顏色亮麗的花蕾，魅力 UP！

白花椰菜

十字花科／地中海沿岸／多年生草本

也有棒狀的新品種

與同類的青花菜相比，花椰菜的花蕾密緻，像是一束半圓形的花束。為保護白色花蕾，用繩子將葉子綁起來遮蔽光線，如果沒有遮光，花椰菜的顏色會比較黃。除此之外，現在也有橘色、紫色、綠色等繽紛的品種，還有小型的迷你花椰菜，非常可愛。

混植搭配建議

具有防蟲效果的**非結球萵苣、荷蘭芹、百里香**等香草，或是**三色堇**以取代覆蓋物。

不遮光栽種的橘色花椰菜

	1月	2月	3月	4月	5月	6月	7月	8月	9月	10月	11月	12月
種植									■			
收穫	■											■

初學者也能簡單地從種子開始栽種

芝麻葉

十字花科／地中海沿岸／一年生草本

疏苗的葉和花都美味

能從種子開始栽培，原產於義大利的香草。播種後的第10天，疏苗的心型複葉也有芝麻葉的味道！帶有芝麻風味，吃進口中卻有微微的辛辣感。邊採收葉子邊度過冬天，到了春天開花。花朵有芝麻葉的風味，也甜甜的。種子從果莢彈出，可再次播種。從種子到種子的生命循環，也只有在陽台菜園才能親身體驗得到。

可愛的象牙色花朵
也很可口

POINT

也有野生風味的
多年生草本品種

芝麻葉有很多名稱，在義大利稱為「Rucola」，英國叫「Rocket」，美國則是「Arugula」。芝麻葉的另一多年生草本品種，屬於野生種的「裂葉芝麻葉」則帶有強烈的芝麻風味。

	1月	2月	3月	4月	5月	6月	7月	8月	9月	10月	11月	12月
播種									━	━	━	
收穫	━	━								━	━	━

混植搭配建議

非結球萵苣

能和芝麻葉同時期播種的非結球萵苣。也有驅離害蟲的效果。

茼蒿

獨特的香氣與風味，讓容易長在十字花科芝麻葉上的害蟲不敢靠近。

巴西里

可驅離夜蛾、菜蛾、白粉蝶等，即使日照差也能長期採收。

剛採摘的嫩葉，非常適合做成新鮮美味的沙拉

春天栽種也不會有害蟲

非結球萵苣

菊科／地中海沿岸／一年生草本

混植搭配建議

十字花科的**高麗菜**、**水菜**、**芝麻葉**等，以預防害蟲。和**三色堇**一起栽種，整體看起來也很漂亮。

每天出現在餐桌的嫩葉

萵苣分為結球型與不結球型。不結球的萵苣，推薦栽種混合5～7個種類的綜合種子，像是火焰萵苣、紅葉萵苣等，由於高度相似能均衡地生長。不同種類的萵苣一起採收，就是盆豐富的綜合生菜沙拉。盆栽裡參雜各種顏色的葉子，也讓人看了心曠神怡。

	1月	2月	3月	4月	5月	6月	7月	8月	9月	10月	11月	12月
播種			━━	━━					━━	━━	━━	
收穫	━━	━━		━━	━━	━━				━━	━━	━━

適合中高級挑戰，長出 1 顆就令人開心

高麗菜

十字花科／地中海沿岸／一年生草本

推薦春天的高麗菜

只採收1顆也有大大的滿足感，高麗菜是適合中高級者的蔬菜。為了順應栽培時間與地區，也有豐富的品種。球的大小與外葉成比例，須遵守適期栽種的原則才能結球，應盡早定植。若選9月栽種，約2個月後就能採收迷你高麗菜，但須架設驅蟲網。相較之下，11月栽種、春天採收的高麗菜會比較安心。

混植搭配建議

非結球萵苣、**巴西里**、**三色堇**，或是耐寒且能覆蓋土壤、保存水分的**香雪球**等。

準備採收的翠綠高麗菜

	1月	2月	3月	4月	5月	6月	7月	8月	9月	10月	11月	12月
種植										━━	━━	
收穫			━━	━━								

葉子和菜苗都好吃

小蕪菁

十字花科／地中海沿岸、中亞／一年生草本

適合初學者的小蕪菁

「金町小蕪菁」（野口）生長快，是容易栽種的小蕪菁代表。葉子可炒或煮。紫紅色和白色相間的「彩雪」（Sakata）也是小蕪菁的一種。雖然希望它能長大一點，但小蕪菁最美味的大小在直徑5公分左右。另外還有一種雪白的「swan」（TAKII）品種，若早點採收就是小蕪菁、過採收期則是中蕪菁，要採收大蕪菁的話就需要增加植株間的距離，即使長得很大味道一樣濃郁。

POINT

因疏苗而拔除的菜苗也美味

疏苗時拔出來的幼苗可別浪費，被稱為「芽蕪」的蕪菁寶寶非常珍貴，是日本七草之一，時常用來做日本料理的前菜，也是家庭菜園才享受得到的美味。

直徑5公分左右，已可食用的「彩雪」

	1月	2月	3月	4月	5月	6月	7月	8月	9月	10月	11月	12月
播種									━	━		
收穫	━									━（中旬起）	━	━

混植搭配建議

茴芹

與巴西里相似的繖形科香草。法文稱作 cerfeuil。可促進蕪菁的生長，也能提升風味。

巴西里

有助於蕪菁的成長，也能有效驅離把蕪菁葉和根吃得千瘡百孔的夜蛾。

繁縷草

很適合跟各種蔬菜混植，覆蓋在蕪菁的土壤上，可以預防乾燥，也能抵擋寒冬。

細膩柔軟的陽台美味

小松菜

十字花科 / 北歐 / 一年生草本

愈冷滋味愈鮮甜

小松菜又稱為「日本油菜」，天氣愈冷，小松菜就愈鮮甜，還飄散著令人舒爽的清新香味。小松菜的生長速度快，而且產量高，是一種很適合家庭菜園的蔬菜。我家種植的是一種叫「後關小松菜」的晚生品種，因為葉子和莖都很軟，市面上比較少看到。

混植搭配建議

預防十字花科病蟲害的菊科**春菊**，或是有抗菌功能的**青蔥**、**韭菜**、**巴西里**等。

與具有抗菌力的青蔥一起混植的小松菜

	1月	2月	3月	4月	5月	6月	7月	8月	9月	10月	11月	12月
播種									━	━	━	
收穫	━	━								━	━	━

不容易長蟲的菊科植物

茼蒿

菊科 / 地中海沿岸 / 一年生草本

葉子柔嫩的美味茼蒿

在歐洲被當作有香味的香草使用。依據葉緣開裂的形狀，又分成不同大小的葉子。市場上比較常見的是大葉的一般茼蒿，以及葉子比較小的山茼蒿。邊採摘，葉子數量就愈增加，因此能長期採收。大葉種的茼蒿，葉緣開裂淺、肉質厚，口感軟嫩。

混植搭配建議

菊科的茼蒿本身就不易長蟲，可和十字花科的**小松菜**、**水菜**、**蕪菁**混植。

做沙拉也美味的茼蒿

	1月	2月	3月	4月	5月	6月	7月	8月	9月	10月	11月	12月
播種									━	━		
收穫	━	━								━	━	━

幾乎全年都能栽培

青江菜

十字花科／中國／一年生草本

把疏苗後的菜苗種在空罐裡

青江菜已成為屹立不搖的家常蔬菜。耐熱也耐寒，除了盛夏，幾乎整年都可栽培。若要避開菜蛾的危害，最佳播種時機是在秋天後期。反覆數次疏苗，既能品嚐嫩葉又能種出美味青江菜。十字花科蔬菜對移植的適應力強，可將疏苗後被摘除的菜苗移植到空罐繼續栽種，在長出5～6枚本葉時就是適合移植的時機。

移植到空罐也能長得很好的迷你青江菜

POINT

適合家庭菜園的品種

整株的迷你青江菜用鋁箔紙包起來蒸，鮮甜可口。之前還有發現一種葉子表面呈紫紅色、背面綠色的「紫葉青江菜」，把嫩葉做成沙拉，色香味俱全，非常好吃。

	1月	2月	3月	4月	5月	6月	7月	8月	9月	10月	11月	12月
播種			━	━					━	━	━	
收穫	━			━	━	━				━	━	━

混植搭配建議

非結球萵苣

不易長蟲的非結球萵苣和青江菜的嫩葉，可一起做成一道嫩葉沙拉。

鴨兒芹

躲在青江菜下方也能長得很好，可用來覆蓋青江菜底部以預防乾燥。

繁縷草

和鴨兒芹一樣不占空間，可取代土壤上的覆蓋物，具有預防乾燥以及保溫的效果。

混植綠色和紫黑色的鴨兒芹，成了日式和風景象。

生長在喜歡日照的蔬菜下方

鴨兒芹

繖形科 / 日本、中國 / 多年生草本

混植搭配建議

栽種於喜歡日照的**小黃瓜、茄子、苦瓜**的陰影下。或是能驅離害蟲的十字花科**水菜**。

原產於日本的香味蔬菜

具耐濕性，且很少有病蟲害。理想的栽種地方是午後的半日照場所。位在喜歡日照的蔬菜下方也能生長得很好。即使霜直接降到葉子上而枯萎也沒關係，留下的根部到隔年春天會再發芽。市場上的鴨兒芹多半是水耕栽培或是遮光栽培，在家庭菜園自然生長的也很美味。

	1月	2月	3月	4月	5月	6月	7月	8月	9月	10月	11月	12月
播種・移植												
收穫												

受到男女老少喜愛的京野菜

水菜

十字花科 / 日本 / 一年生草本

冬天也能陸續採收

自古以來栽培的傳統京都蔬菜。特徵是口感清脆。水分飽滿的莖部連蛞蝓也愛，如果莖部突然倒下了，請檢查一下盆底。採收時留下底部約3公分的地方，會再從裡面發出新芽，可以陸續採收。有小株的也有大株的，例如生長快速的「千筋京水菜」（野口）、鮮豔紫紅色的「紅法師水菜」（TAKII）等。

狹窄空間也能迷你生長的「千筋京水菜」

混植搭配建議

能夠預防病蟲害的菊科**非結球萵苣**和**春菊**、**鴨兒芹**等。

	1月	2月	3月	4月	5月	6月	7月	8月	9月	10月	11月	12月
播種・移植												
收穫												

混植搭配建議

可避免植株底部寒冷的**三色堇**、**香雪球**、**紅菽草**、**繁縷草**等。

採收豆仁顆粒大的新鮮蠶豆

讓盆栽的土壤變豐饒

蠶豆

豆科／非洲／一年生草本

提升土壤的孕育能力

冬天盛產的十字花科蔬菜，若能混植花半年時間栽培的豆科蔬菜，便能提升土壤的孕育能力。不需架設長長的支架，到春天前也不用照顧。下方栽種花卉植物便能彼此互惠共生。豆莢裡有5顆豆仁的品種，豆仁會比較小顆，建議選豆仁3顆的品種。

	1月	2月	3月	4月	5月	6月	7月	8月	9月	10月	11月	12月
播種・移植										━	━	
收穫					━	━						

有3種食用類型

豌豆

豆科／地中海沿岸、中亞／一年生草本

春天的綠色窗簾

有爬藤性與非爬藤性，我種的是採收期間長的爬藤性豌豆。豌豆又分連豆莢一起吃的荷蘭豆、只吃豆仁的青豌豆、豆莢豆仁都可以吃的甜豆等3種。豆莢呈紫色的「圖坦卡門豌豆」（Tsuru新）很美，且不易生病。

混植搭配建議

定植後為了過冬，可混植禦寒的**三色堇**、**香雪球**、**龍面花**、**屈曲花**等。

「圖坦卡門豌豆」的紫色豆莢

	1月	2月	3月	4月	5月	6月	7月	8月	9月	10月	11月	12月
播種・移植										━	━	
收穫			━	━	━							

放在哪裡都是吸睛焦點

營養價值高，幾乎全年都可採收

牛皮菜

莧科／地中海沿岸／二年生草本

混植搭配建議

即使混植也能密實生長的**三色堇**、**香雪球**、**紅菾草**等。

妝點廚房的繽紛色彩

又稱「葉用甜菜」，莖與葉柄的顏色變化豐富，有紅色、橘色、黃色等。不怕寒冷的冬天，甚至在葉菜類少的夏天時節也很挺拔，幾乎全年都可採收。而且也未曾有過蟲害和疾病的經驗。無論盆器大小都好種。營養價值高，切過後泡一下水會比較容易食用。因疏苗而摘除的嫩葉也可做成沙拉。

	1月	2月	3月	4月	5月	6月	7月	8月	9月	10月	11月	12月
播種・移植				■	■□	■□	■□	■□	■□	■□	□	
收穫	■					■	■	■	■	■	■	■

具有幫土壤殺菌的效果

青蔥

石蒜科／中國、中亞／多年生草本

能再生栽培

藉由共生在蔥根部的微生物力量，具有幫土壤殺菌、抑制病原菌的效果。適合從小型栽培到中型的「小夏」（TAKII），在夏天也能採收。「九條蔥」從播種到採收要2年以上的時間，但若是在冬天再生栽培連根的九條蔥，到春天即可採收。種植球根的分蔥（紅蔥頭）在半日照環境也能成長。

混植搭配建議

因為青蔥能預防病蟲害，可混植**小黃瓜**、**菠菜**、**小松菜**、**水菜**。

用不織布袋子培育出來的青蔥

	1月	2月	3月	4月	5月	6月	7月	8月	9月	10月	11月	12月
種植									□	□	□	
收穫	■	■	■	■	■	■				■	■	■

堅韌的覆蓋香草

奧勒岡

唇形科／地中海沿岸／多年生草本

像是從盆栽溢出來，向外蔓延開來的奧勒岡。

混植搭配建議

適合替不愛強光的**芹菜、牛皮菜、青花菜、花椰菜**當覆蓋植物。

耐寒又抗乾燥

別名牛至（Wild Marjoram）。堅韌耐寒抗乾燥，葉、莖、根都有辛辣味，具殺菌效果。定植後栽種3年沒有問題，之後雖需要分株，但根長得快且強壯。隨著成長會蔓延在整個盆栽，覆蓋的效果相當好。初夏盛開的紫紅色花朵，會吸引蜜蜂前來，有助於蔬菜的授粉。

	1月	2月	3月	4月	5月	6月	7月	8月	9月	10月	11月	12月
種植				●	●	●			●	●		
收穫			●	●	●	●	●	●	●	●		

守護十字花科蔬菜免於蟲害

香菜

繖形科／地中海沿岸／一年生草本

種子也是香料

其獨特的香味有預防蚜蟲和葉蟎的效果。春秋皆可播種，而秋天播種的話，植株長得比較大也比較香。春天開出的纖細花朵會引誘蜜蜂前來。自己在家就能簡單採取種子，甜甜的香味還可做香料用。種子殼很硬，殼裡藏有細小的種子，建議壓碎後泡水一個晚上，會比較容易發芽。

排水良好的話，半日照也能生長。

混植搭配建議

容易長蚜蟲的**高麗菜、青花菜**等。與**鴨兒芹、洋甘菊**也很搭。

	1月	2月	3月	4月	5月	6月	7月	8月	9月	10月	11月	12月
播種				●					●			
收穫	●	●	●			●	●			●	●	●

混植檸檬香茅

若要做為地被植物就選多年生草本

洋甘菊

菊科／歐洲／一年生草本、多年生草本

混植搭配建議

雖然花朵容易長蚜蟲，但和**香菜**混植則能大幅減少。其他如**小黃瓜**、**韭菜**等。

根部可改良土壤

有「植物醫生」之稱，對人或是對植物都是藥用香草。根部具有增加鈣和鉀、改良土壤的效果。有一年生草本的「德國洋甘菊」和多年生草本的「羅馬洋甘菊」，後者的植莖長得高度較低，適合做為地被植物。

	1月	2月	3月	4月	5月	6月	7月	8月	9月	10月	11月	12月
播種									━	━		
收穫				━	━	━	━					

多為自然生長，不需拔除。

常見於路邊的「春天七草」

繁縷草

石竹科／歐亞大陸／一年生草本、多年生草本

混植搭配建議

不需播種，繁縷草就能自然地和旁邊的蔬菜一起健康成長。

天然的覆蓋植物

春天七草（日本春天最早萌芽的七種代表性植物）之一，是常見於路邊的野草。藉由鳥類散播種子，到了冬天自然生長。不會妨礙到蔬菜和花的生長，只要有空間便能靜靜地開枝散葉。繁縷草生長的土壤接近中性環境，也適合各種植物生長。可自然生長，也能做為植物和土壤的覆蓋植物。

	1月	2月	3月	4月	5月	6月	7月	8月	9月	10月	11月	12月
自然生長	━	━	━	━	━					━	━	━
收穫	━	━	━	━	━					━	━	━

Short story 4

菜園與孩子們

上／大兒子不假思索在紙上畫下菜園的夥伴們。對我來說是無價的寶物。

下／小兒子小學時畫的紅茶罐菜苗。番茄苗旁邊插了一張字條，寫著小小的品種名，我後來才知道原來他喜歡這品種的番茄。

因菜園而誕生的寶物

一九九一年春天，我在距離我家走路20分鐘之遙的地方租了一塊菜園。我買了一本園藝書，並到附近的種苗店把所有的蔬菜苗都買了一輪。然後按照書上所寫的，很快就種滿了。在番茄、茄子、小黃瓜、玉米等植株之間又種了南瓜、地瓜、西瓜，看著蔬菜們日漸長大，長得好像一座叢林。當時覺得只要能有所收穫就很開心，這種心情就叫做「新手的好運」吧！現在想想，這應該是我踏入混植菜園的開始。

當時6歲和3歲的兒子們，對於初次的收穫喜悅至今還是很難忘懷。他們將採收的蔬菜帶回家後，先幫它們畫了畫再交給我煮。小兒子在調色盤裡擠了幾個顏色的水彩，畫了一幅種在紅茶罐裡的菜苗的畫，現在還掛在客廳裡。超愛昆蟲的大兒子則畫了昆蟲畫，他的觀察力及繪畫能力令人佩服。如今已長大成人的他們，我想在他們的心中應該都有個如寶物般珍惜的菜園吧！

Part 4

因為狹小才有完美的演出&活用的便利性！

陽台菜園的後台大公開

靈活運用空間與道具，打造綠意盎然的陽台。
方便的材料與愛用的工具等，
一舉公開所有我家陽台菜園的大小事。

1

完美、方便、愉快地演出一場美麗樂章！

12個打造陽台菜園的技巧

現在要介紹將自家陽台變為「菜園」的技巧與佈置。
即將開始的您，或是已經開始的您，都請參考看看吧！

Idea **01**

緩和冷暖差的方形木板

我家的陽台菜園就從用在大賣場買的 35 公分方形木板鋪滿整個水泥地板開始。夏天可反射日照，冬天則預防嚴寒，是適合植物成長的溫暖環境。也呈現出客廳與陽台的一體感，整體看起來很美觀漂亮。

Idea 02

不靠牆設置，而是擺在靠外牆那側

藤架不靠牆設置，而是擺在靠外牆那一邊，對植物的日照和通風都很好。從客廳向外看也看得到，所以佈置的時候可以先想想希望從室內向外看到怎樣的景色。有的大樓管委會規定不能在陽台設置藤架，所以購買前務必先確認。

Idea 03

收納力超群的層板＆掛鉤

藤架上的兩段層板是後來才裝上去的，用來放盆栽很方便。因為是格子狀的層板，盆栽放上去後剛剛好卡住。經常會用到的鏟子、剪刀、撲滅害蟲的小鑷子和塑膠袋、加有木醋液的噴罐等等，就用掛鉤掛在藤架旁，需要時馬上就能取用。

Idea 04

藤架最上層有爬藤性的蔬菜和果樹

藤架最上層的日照也非常好。將種在藤架旁邊的盆栽裡的山葡萄誘引到最上層，就成了名符其實的葡萄藤架。卷鬚攀緣的豌豆等豆科蔬菜也誘引到最上層，讓它無拘無束地伸展。

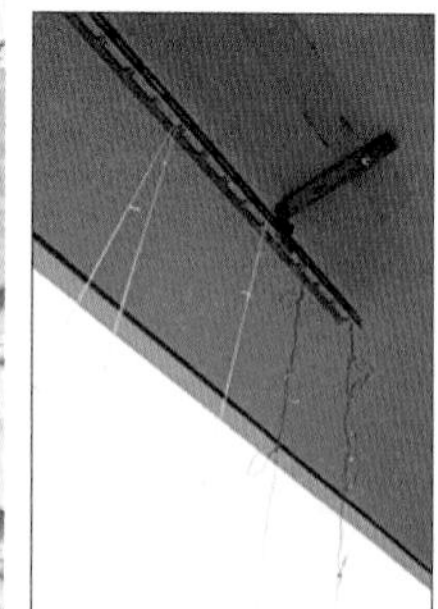

Idea 05

最靠近圍牆邊，隨時都可誘引到天花板

除了藤架最上層，還可利用冷氣室外機的安裝架，將長1.8公尺的L型鋼材裝在靠近圍牆邊的天花板上，就可誘引到這裡。由於這鋼材有很多孔洞，只要綁上繩子或銅線，需要誘引植物的時候隨時都能進行。

Idea 07

夾起來就行！
方便的誘引夾

利用「園藝用誘引夾」，不需手綁，只要將莖或是卷鬚夾在支架或銅線上就行。即使是比較硬的莖也能夾，不怕被傷到，相當方便。

Idea 06

可愛的銅線圈

利用空瓶將具有抗菌性的銅線做成數個小圈圈，我取名為「隨處誘引圈」。可以把卷鬚誘引到你想要的地方，非常方便。還沒利用到的圈圈也是可愛的裝飾品。

Idea 08

把盆栽放到架上，日照佳也方便管理

直接將盆栽放在地上的話，植物無法享受到充足的日照。若能放在架子、長板凳、藤架、室外機殼等上面，不僅日照佳通風也好，下面空間還能有效地利用拿來放其他東西。而且不需蹲下就能作業，可減少腰部的負擔。

Idea 09

洗好的衣物和盆栽都能晒到太陽

陽台的晒衣桿除了晒洗好的衣物，還可利用長短不一的S型掛鉤吊掛盆栽。只要有手把什麼都能吊，像是瀝水盆、水桶都可以。比起直接放在地板上，日照更充足。

Idea 12

把工具掛起來收納

走到陽台就會想要順便修剪一下枝葉、抓抓蟲子。因此，為了能夠馬上作業，就將各種工具掛在冷氣室外機的防護架上。抓夜間活動的昆蟲時，手電筒和塑膠袋是必備工具。

Idea 11

用現有的容器取代盆器

空罐、塑膠籃、不織布袋子、瀝水盆等廚房用品，或是其他身邊的東西都可拿來當作盆器。不過，因為需要有良好的排水，容器一定要開洞孔。

Idea 10

手作名牌是菜園的亮點

播種後，在冰棒的木棍或木湯匙上塗上喜歡的顏色，再親手寫下植物的名字，然後裝飾在盆栽裡。手作名牌立刻成了菜園的亮點，也加深我對它們的喜愛。

「基本土壤」的材料

第35頁介紹過，能重複使用的土壤所必要的材料。

2

有助蔬菜成長！陽台菜園的重要配備

這裡將介紹打造菜園的必需品，以及讓栽培作業更方便的工具。

質輕保水性也佳，
100%椰子纖維的土

壓縮椰子纖維製作而成的土磚。因為是植物纖維，所以有細微的氣孔，透氣性和保水性都很好。

含有 24 種微生物
使土壤更健康

蔬菜、花卉等所有植物都能使用的有機基肥。含有菌根真菌等 24種微生物，使土壤更加豐饒。顆粒細小能充分和土壤混合。

蚯蚓製作出來的
有機特殊肥料

從打造適合蚯蚓的環境開始，約需 2 年才能形成的蚯蚓糞便土。只需混在土壤裡，植物便能獲取所需的營養素，促進有益微生物的繁殖。

做為微生物介質的
碳化稻殼

低溫碳化精米的稻殼，做為改良土壤的材料。能中和酸性土壤、保肥力、排水性、透氣性都更好，也有助於根的生長發育。

菌根真菌使根部更強壯，
又輕又方便的培養土

以質輕的椰纖土為中心，使菌根真菌等基肥發揮效果的培養土。不會自己製作基本土壤的話，只要有這種土就能立刻著手種蔬菜。

追肥用的肥料

栽培時期長的、沒有活力的植物，都要追加肥料。

將天然有機肥料放在根部即可。

天然原料熟成，讓根和微生物更有活力

選天然原料製作的有機肥料，施作重點在植物的「根」。

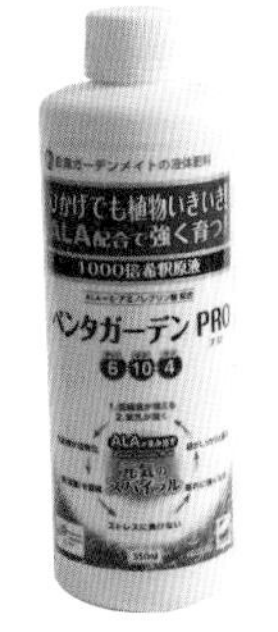

光合作用更活躍，含有 ALA 的液肥

所有的生物體內都有 5-胺基酮戊酸（5-ALA），在植物身上可以提升葉綠素含量，是使光合作用更活躍的「機能性胺基」。

澆花器

準備大小尺寸，依用途分開使用

大的塑膠澆花器，裝水後也容易搬運。1 公升的不銹鋼澆花器，常用在比較高的吊掛盆栽。不用有蓮蓬頭出水口的澆花器，才能集中澆水。

缽底石

放在手心的感覺竟是那麼地輕！

重量輕的缽底石

高溫發泡的黑曜石，提供根部充足的氧氣。質地相當輕，可重複使用。最後會自行瓦解與土壤混合在一起，成為土壤改良材料。

將缽底石放入濾水網袋中

讓盆底保持透氣的缽底石是盆栽的必需品。使用前將它放進網袋中就能直接放入盆器中，很方便。市面上也有販售已經裝在網袋中的缽底石。

推薦！

支架

要用的時候能立刻取出

支架有分竹製跟塑膠製的，準備一些當庫存，要用的時候就有，很方便。把它們集中在一處隨時都能拿取。也不怕強風來時被吹散。

3

幫助蔬菜生長發育，很適合混植！

讓陽台菜園更漂亮的地被植物

和蔬菜一起栽種，能預防土壤乾燥，吸引昆蟲來授粉。地被植物是陽台菜園的後台中，幫助蔬菜成長不可或缺的存在。

屈曲花

草的高度低，白色小花緊湊在一起開花。也有多年生草本的種類，以芽插方式繁殖。

紅菽草

能使土質變好的豆科植物。小小的葉子與桃紅色的圓形花朵，惹人憐愛。

細葉雪茄花

原產於墨西哥，盛夏也會開花。生命力強，適合做為夏天的地被植物。

針葉天藍繡球

春天開出類似櫻花的小花朵，往旁邊蔓延的花地毯，為多年生草本植物。

香雪球

耐寒，即使是嚴冬也會開花，一直開到初夏，觀賞期很長。草生長的高度不高，容易修剪照顧。

龍面花

春天開出鮮豔花朵的一年生草本植物，以及從春天持續開花到冬天的多年生草本植物，兩種類型都有，生命力強。

繁縷草

春天七草之一。與任何蔬菜都很搭，長出來後也不需拔除，靜靜地在旁守護就行了。

大花三色堇

即使是嚴冬，顏色鮮豔的花朵依舊有活力地開著，是冬天地被植物的代表選手。

三色堇

開出比紫羅蘭小的花朵，顏色也漂亮。花朵顏色豐富，和蔬菜配色栽種也是樂趣之一。

矮牽牛花

只要記得摘除凋謝的花朵，就能從春天持續開花到秋天，生命力旺盛。

萬壽菊

可以預防線蟲從根部入侵。不過，要是缺乏日照就會枯萎，栽種位置要多加留意。

小花矮牽牛（左）／夏雪草（右下）

花朵顏色豐富，開有許多小花的小花矮牽牛，以及夏天開著白色花朵的夏雪草。

■ 参考文獻

《伝承農法に学ぶ野菜づくり こんなに使えるコンパニオンプランツ》（暫譯：從傳統農法學種菜 超好用的共榮作物）
木嶋利男／家の光協会

《野菜の品質・収量アップ 連作のすすめ》（暫譯：提升蔬菜品質、收穫量 適合連作的作物）木嶋利男／家の光協会

《やさい畑》（暫譯：菜田）2016年冬季號 特輯「連作一點都不可怕」木嶋利男／家の光協会

《やさい畑》（暫譯：菜田）2017年春季號 特輯「細菌是田地的救世主」木嶋利男／家の光協会

《コンパニオンプランツで野菜づくり》木嶋利男／主婦と生活社
中文版：《蔬果花草共生秘訣》／瑞昇

《ミミズと土と有機農業》（暫譯：蚯蚓和土壤和有機農業）中村好男／創森社

《畑をつくる微生物》（暫譯：打造田園的微生物）木村龍介／農山漁村文化協会

《地面の下のいきもの》（文）大野正男、（繪）松岡達英／福音館書店
中文版：《地底下的動物》／阿爾發

《図解でよくわかる 土壌微生物のきほん》（監修）横山和成／誠文堂新光社
中文版：《圖解土壤微生物》／五南

《図解でよくわかる 病害虫のきほん》（監修）有江力／誠文堂新光社
中文版：《圖解病蟲害的基礎》五南

■ Special Thanks

株式会社 豊徳　（豐德股份有限公司）
http://mimizunotuti.com/

株式会社 プロトリーフ　（PROTOLEAF股份有限公司）

株式会社 タクト　（TAKT股份有限公司）

株式会社 コスモトレードアンドサービス　（COSMO TRADE & SERVICE股份有限公司）
ALAアグリビジネスプロジェクト（ALA農業經濟活動計畫）

公益財團法人 科學教育研究會・蚯蚓研究會（earthworm研究會）
http://www.sef.or.jp/earthworm/earthworm_top.html

後記

在如此小的陽台孕育生命相當令我著迷。
不知是鳥還是風將種子運送過來，自然地發芽，
蚯蚓還生了蚯蚓寶寶。
明明是棟距離車站很近的水泥大樓，
到了櫻花季，綠繡眼也會飛來共襄盛舉。
親身感受到大自然的循環，
更讓我驚嘆於植物的不可思議。

失敗、迷惘的時候看了一些書，
帶給我很多啟示。
在此，感謝木嶋利男博士以及許多老師給予的協助。

還有，長期合作的攝影師鈴木正美先生與小重小姐。
我很高興您們這次也將植物拍得很生動。
睽違8年，為此新書企劃的
誠文堂新光社的柳千繪小姐、編輯松崎綠小姐。
每次來都對我的陽台驚訝不已，
在在使我更加充滿活力與幹勁。
封面設計師中嶋香織小姐也是我的菜園講座學員。
在此由衷感謝各位。
最後，謝謝我的先生淳。謝謝你幫我拍了很多照片。

台灣廣廈國際出版集團
Taiwan Mansion International Group

國家圖書館出版品預行編目（CIP）資料

日日豐收的混植蔬菜盆栽：一盆混栽、四季共生！零農藥化肥、遠離病蟲害！一坪小陽台也能打造多元豐盛的菜園 / 田中寧子著；王淳蕙翻譯. -- 初版. -- 新北市：蘋果屋, 2020.05
面； 公分.
ISBN 978-986-98814-2-5
1. 蔬菜 2. 栽培 3. 盆栽

435.2 109003152

日日豐收的混植蔬菜盆栽

一盆混栽、四季共生！零農藥化肥、遠離病蟲害！一坪小陽台也能打造多元豐盛的菜園

作　　者／田中寧子
譯　　者／王淳蕙
編輯中心編輯長／張秀環・**編輯**／許秀妃
封面設計／曾詩涵・**內頁排版**／菩薩蠻數位文化有限公司
製版・印刷・裝訂／東豪・弼聖・秉成

日版STAFF

攝　　影／鈴木正美・重枝龍明（Studio orange）・田中　淳・田中寧子
編　　輯／松崎みどり
插　　畫／田中寧子（P4-9、41、140）・Ikeuchi Lilie（P33、37、43）
封面設計／中嶋香織
內頁設計／安居大輔（D design）

行企研發中心總監／陳冠蒨
整合行銷組／陳宜鈴
媒體公關組／陳柔彣
綜合業務組／何欣穎

發 行 人／江媛珍
法律顧問／第一國際法律事務所 余淑杏律師・北辰著作權事務所 蕭雄淋律師
出　　版／蘋果屋
發　　行／蘋果屋出版社有限公司
地址：新北市235中和區中山路二段359巷7號2樓
電話：（886）2-2225-5777・傳真：（886）2-2225-8052

代理印務・全球總經銷／知遠文化事業有限公司
地址：新北市222深坑區北深路三段155巷25號5樓
電話：（886）2-2664-8800・傳真：（886）2-2664-8801
網址：www.booknews.com.tw（博訊書網）
郵政劃撥／劃撥帳號：18836722
劃撥戶名：知遠文化事業有限公司（※單次購書金額未達500元，請另付60元郵資。）

■出版日期：2020年05月
ISBN：978-986-98814-2-5